Monika Heilmann

WIN-WIN-GESPRÄCHE

Gelassen reden, selbstsicher auftreten, Konflikte vermeiden

BusinessVillage
Update your Knowledge!

Monika Heilmann
WIN-WIN-GESPRÄCHE
Gelassen reden, selbstsicher auftreten, Konflikte vermeiden
1. Auflage 2012
© BusinessVillage GmbH, Göttingen

Bestellnummern
ISBN 978-3-86980-195-7 (Druckausgabe)
ISBN 978-3-86980-196-4 (E-Book, PDF)

Direktbezug www.BusinessVillage.de/bl/903

Bezugs- und Verlagsanschrift
BusinessVillage GmbH
Reinhäuser Landstraße 22
37083 Göttingen
Telefon: +49 (0)5 51 20 99–1 00
Fax: +49 (0)5 51 20 99–1 05
E-Mail: info@businessvillage.de
Web: www.businessvillage.de

Layout und Satz
Sabine Kempke

Autorenfoto
Ines Blersch, Stuttgart

Illustrationen im Buch
Thomas Alwin Müller, Filderstadt

Druck und Bindung
www.booksfactory.de

Inhalt

Einleitung

Beim Führen von Gesprächen, wie Sie es in diesem Buch lernen können, geht es nicht darum, jemanden über den Tisch zu ziehen, oder um ein Kräftemessen nach dem Motto „Wer ist der Stärkere?" oder „Wer ist der Sieger?". Es geht darum, in einer wertschätzenden Atmosphäre selbstbewusst die eigenen Interessen und Bedürfnisse mit den Interessen und Bedürfnissen der Gesprächspartner auf einen Nenner, auf ein erfolgreiches, gemeinsames Gesprächsergebnis, auf ein Win-win zu bringen. Basierend darauf, dass Sie mit den Menschen, mit denen Sie Gespräche führen, immer und immer wieder zusammentreffen. Mit denen Sie täglich zusammenarbeiten müssen, eine geschäftliche Beziehung pflegen oder privat miteinander leben und auskommen möchten.

Im beruflichen Alltag wird es für Ihr Fortkommen zunehmend bedeutender, überzeugend zu argumentieren und aufzutreten. Sie müssen sich selbstsicher in Diskussionen einbringen, Argumente bewusst einsetzen, Ihr eigenes Gesprächsverhalten permanent analysieren und mit Angriffen umgehen. Im Berufsleben wird ein adäquates, eloquentes Auftreten gefordert. Jedoch finden insbesondere Soft Skills, wozu Kommunikationstechniken gehören, noch immer viel zu wenig Beachtung und werden häufig ans Ende der Reihe von Weiterbildungen gestellt.

Eine oberflächliche Gesprächsführung kann das Arbeitsklima oder eine Gesprächsatmosphäre enorm verschlechtern und im privaten Bereich das Zusammenleben gewaltig erschweren. Deshalb lege ich in diesem Buch sehr viel Wert auf eine Gesprächsführung, die auf den Grundsätzen einer wertschätzenden Kommunikation basiert. Sie werden sich bei der Lektüre möglicherweise wundern, weshalb ich immer wieder auf wertschätzende Kommunikation und allgemeine Kommunikationstechniken eingehe. Vielleicht werden Sie auch denken: „Das ist wirklich banal und nicht erforderlich. Andere im Gespräch wertzuschätzen ist doch selbstverständlich." Jeden Tag erlebe ich jedoch in meiner Arbeit in Unternehmen, dass das ein großer Irrtum ist und die Missachtung einfacher Kommunikationsregeln zu erheblichen Problemen in der Zusammenarbeit führt.

Eine der häufigsten Ursachen für Konflikte in Unternehmen und genauso für Unstimmigkeiten im privaten Umfeld ist eine unzureichende, teilweise flapsige und oberflächliche Kommunikation. Gründe, die für eine mangelhafte Kommunikation genannt werden, sind: Keine Zeit, um sich vorzubereiten oder auf Kleinigkeiten einzugehen; die Scheu, Probleme oder Konflikte direkt anzusprechen oder eigene Gefühle zu äußern. Oder einfach Gedankenlosigkeit.

In meinem Buch lernen Sie eine Art der Gesprächsführung, welche Ihnen hilft und Sie unterstützt, Konflikte zu vermeiden. Sie werden erfahren, wie Sie wertschätzende, auf Augenhöhe geführte und von gegenseitigem Respekt getragene Gespräche führen, ohne die Sie keine erfolgreichen und dauerhaften Geschäftsbeziehungen sowie persönlichen Beziehungen aufbauen können.

Ich empfehle Ihnen aus tiefster Überzeugung, dieses Buch nicht nur zu lesen, sondern durchzuarbeiten und mutig das Gelernte in Ihrer Kommunikation, in Ihren Gesprächen einzusetzen. Sie werden dann frühzeitig Konfliktpotenziale erkennen und Konflikte bereits im Entstehen ansprechen, minimieren oder sogar gänzlich vermeiden. Gesprächskompetenzen und die Fähigkeit, mit Konflikten umzugehen, sowie eine souveräne, gelassene Kommunikation gehören zu den Schlüsselkompetenzen der Zukunft. Denn Gespräche optimal zu führen und souverän aufzutreten, also erfolgreich zu kommunizieren, das hat für Sie nur Vorteile:

- Sie stärken Ihre Persönlichkeit,
- Sie steigern Ihre persönliche Anziehungskraft und Ihre Ausstrahlung,
- Sie fördern Ihre berufliche Kompetenz und Akzeptanz,
- Sie bauen Spannungen und Konflikte in Gesprächen ab,
- Sie wirken positiv auf Ihre Gesprächspartner,
- Sie bringen Meetings zu einem konstruktiven Ergebnis,
- Sie sind erfolgreich!

Eine gute Gesprächsführung fällt aber nicht vom Himmel. Vieles muss intensiv erlernt, geübt und nochmals geübt werden. Sie müssen kontinuierlich die einzelnen Schritte Ihres Vorgehens in Gesprächen überprüfen und reflektieren. Immer in Bewegung bleiben, wie ein Sportler.

Sie lernen, sich bewusst, zielorientiert und wertschätzend vorzubereiten und in Gesprächen entsprechend zu handeln. Sie gewinnen durch den Blick auf das Wesentliche, durch Ihre respektvolle Haltung und Ihr Interesse für die Themen Ihres Gesprächspartners Freude und Zufriedenheit in Ihrem privaten und beruflichen Leben. Ihre Lebensqualität wird sich verbessern, Ihre Persönlichkeit wird gestärkt und Sie werden beruflichen Erfolg haben.

Ihre Sicht auch auf komplizierte Situationen und schwierige Gesprächspartner wird sich durch die Lektüre dieses Arbeitsbuches positiv verändern. Dadurch erlangen Sie eine souveräne Haltung, Sie werden ruhiger und gelassener mit dem Effekt, dass Sie automatisch selbstsicherer auftreten. Sie werden berufliche und persönliche Ziele leichter erreichen, doch nicht nur das: Es wird Ihnen auch leichter gelingen, hierbei die Interessen Ihrer Gesprächspartner zu berücksichtigen.

Die von mir in diesem Buch geschilderten Beispiele sind übrigens alle real. Sie stammen aus meinen Coachings und Seminaren, sind aber so verändert, dass keine Rückschlüsse auf Personen gezogen werden können und Vertraulichkeit gewahrt wird.

Monika Heilmann, im Juni 2012

Gespräch vorbereiten und Ziel definieren

„Eine Reise von tausend Meilen beginnt mit dem ersten Schritt."

Laotse

In meinen Seminaren und Vorträgen fällt mir auf, dass sich nur wenige Menschen umfassend und tiefer gehend vor einem Gespräch – sogar vor einem bedeutenden Gespräch – Gedanken machen und sich selten jemand schriftlich vorbereitet. Nur wenige setzen sich ein Ziel, sammeln und gewichten Argumente, noch weniger Menschen bereiten sich auf Ihre Gesprächspartner auch mental vor. Obwohl jedem klar sein müsste, dass in den meisten Gesprächen die Ziele und Interessen unterschiedlich sind. Wenn Sie Ihrem Gesprächspartner weder persönlich noch in den Zielvorstellungen näherkommen, wenn Sie beide sich nicht einigen und Lösungen finden, dann entstehen häufig Konfliktsituationen.

Wie ist das bei Ihnen? Nutzen Sie eine Checkliste für Ihre Gesprächsvorbereitung? Mit welcher Einstellung und mit welcher Haltung gehen Sie in das Gespräch? Sind Sie positiv gestimmt? Gehen Sie mit Freude, Anspannung oder Befürchtungen oder gar mit Wut im Bauch auf Ihren Gesprächspartner zu? Was ist Ihr Ziel – wissen Sie, was Sie im Gespräch erreichen wollen? Wer ist Ihr Gesprächspartner? Was ist das für ein Mensch? Welche Punkte sind wichtig für Ihr Gespräch und was müssen Sie beachten? Was sind Ihre Prioritäten? Was möchten Sie auf alle Fälle ansprechen? Was darf nicht passieren? Das alles sind bedeutungsvolle Fragen für Ihr Gespräch, doch mal ganz ehrlich, haben Sie sich bei Ihrem letzten wichtigen Gespräch diese Fragen vorab gestellt?

Wenn Sie jetzt denken, dass Sie das eigentlich hätten machen können, dann versuchen Sie doch mit den zahlreichen Anregungen in diesem Buch, Ihre lieben Gewohnheiten zu durchbrechen. Trainieren Sie sich selbst, wenn Sie es nicht selbst machen, dann macht es keiner. Und nehmen Sie gegebenenfalls zusätzlich die professionelle Hilfe eines Coachings, welches Sie auf Ihre spezielle Gesprächssituation vorbereitet, in Anspruch. Es wird sich für Sie lohnen. Denn gerade für äußerst schwierige Gespräche mit in die Zukunft reichenden Konsequenzen profitieren Sie, wenn Sie hierdurch Ihre Ziele auch nur ein klein wenig besser erreichen.

Entlasten Sie Ihr Gedächtnis – die schriftliche Vorbereitung

Bereiten Sie Ihre Gespräche immer schriftlich vor. Verlassen Sie sich nicht auf Ihr Gedächtnis, da war schon mancher verlassen! Mit einer schriftlichen Vorbereitung gelingt es Ihnen leichter und effektiver, Ihr Ziel sowie Ihre Interessen zu erkennen und herauszuarbeiten. Das schriftliche Festhalten unterstreicht die Bedeutung und Wichtigkeit Ihres Ziels und Ihrer Interessen. Sie schaffen es leichter, Prioritäten zu setzen. Wenn Sie Ihre Gedanken und Ideen nur im Kopf haben, verzetteln Sie sich, Sie vergessen manches, Sie lassen sich leichter ablenken und aus dem Konzept bringen.

Schreiben Sie Ihre Gedanken und Vorstellungen in wörtlicher Rede auf, und zwar genau das, was Sie sagen wollen! Im Gespräch dürfen Sie das allerdings nicht vorlesen, das würde Sie nicht besonders professionell aussehen lassen. Aber eine derartige Vorbereitung hilft Ihnen, sich klar und deutlich ausdrücken zu lernen, kurz und knapp zu formulieren und auf den Punkt zu kommen. Ihre Formulierungen bleiben im Kopf hängen und Sie werden sich im Gespräch auf der Grundlage Ihrer Stichworte äußern. Erinnern Sie sich, wie wir als Kinder öfters Vokabeln lernten und nachts das Buch unter das Kopfkissen legten – im Glauben, die Vokabeln prägten sich dann besser ein? Das klappte, wenn vorher gelernt wurde!

Ihre Merkfähigkeit erhöht sich

Eine schriftliche Gesprächsvorbereitung intensiviert Ihre innere Auseinandersetzung mit dem Gesprächsthema und Ihrem Partner. Gedanklich setzen Sie sich mit einer schriftlichen Vorbereitung weitaus tiefer und mental intensiver auseinander. So, wie Sie nachts mit dem Buch unterm Kopfkissen an die Vokabeln denken und damit Ihre Merkfähigkeit erhöhen, erhöht eine schriftliche Vorbereitung Ihre Erfolgschancen und lässt Sie nach und nach in Gesprächen routinierter vorgehen.

Hüten Sie sich, bei der Vorbereitung Zeit zu sparen oder oberflächlich an die Vorbereitung heranzugehen! Das rächt sich für Sie im Gespräch! Möglicherweise treten während des Gesprächs Schwierigkeiten auf, auf die Sie sich mit einer gezielten und umfassenden schriftlichen Vorbereitung hätten einstimmen können. Bei der Vorbereitung unterschiedliche und konträre Informationen gefunden und gesammelt zu haben, kann im Gesprächsverlauf entscheidend zur Klärung oder Lösung eines Problems beitragen. Wie bereits erwähnt, gelingt es Ihnen leichter und effektiver mit einer schriftlichen Vorbereitung, Ihre Botschaft, Ihr Ziel zu erkennen und herauszuarbeiten.

Die schriftliche Gesprächsvorbereitung entlastet Ihren Kopf und Sie werden locker: Während des Gesprächs ist der Kopf frei für die Art der Vorgehensweise und der Gesprächsführung. Sie sind eher bereit, aktiv zuzuhören und die Argumente Ihres Gesprächspartners aufzunehmen.

Sie können sich entspannt auf den anderen einlassen, da Sie gut vorbereitet sind und Ihre Unterlagen und Argumente sicher zur Hand haben.

Für die praktische Umsetzung empfehle ich Ihnen, entweder jeden einzelnen Gedanken auf einen separaten Zettel zu schreiben oder die von Ihnen auf einem Blatt notierten Punkte auseinanderzuschneiden. Das schafft Ihnen die Möglichkeit, Ihre unstrukturierten Gedanken mit 1., 2., 3. und so weiter zu nummerieren oder in einer Prioritätenliste zu sortieren.

TIPP

Wie sieht Ihre Vorbereitung aus?

In welcher Aussage finden Sie sich wieder? So haben sich Teilnehmende meiner Seminare über Ihre Vorbereitung geäußert:

„Ich entscheide mich am liebsten spontan in oder kurz vor einem Gespräch, wie ich vorgehe. Ich bereite nichts Besonderes vor und lasse alles auf mich zukommen."

„Ich bereite Informationen und Fakten vor, mache mir vor dem Gespräch Notizen über die wichtigsten Daten und nehme auch den entsprechenden Schriftverkehr und die Unterlagen mit in die Verhandlung."

„Ich mache mir kurze Notizen, schaue mir flüchtig die erforderlichen Unterlagen durch und lasse mich ansonsten von der Gesprächssituation leiten."

„Ich bereite mich intensiv und umfassend schriftlich auf das Gespräch vor. Ich wäge Argumente und Gegenargumente ausführlich ab. Meine schriftlichen Notizen sind mir eine gute Hilfe im Gespräch und ich nutze diese auch in der Nachbereitung."

Was glauben Sie, welche der Teilnehmenden die nachhaltigeren Erfolge bei Gesprächen erzielen? Natürlich diejenigen, die sich umfassend und schriftlich vorbereiten.

Die Gedanken aufzuschreiben zwingt Sie zu Klarheit und Struktur, zur konkreten Formulierung (hält sie vom Labern ab), zur Prioritätensetzung und zu einem zielgerichteten Vorgehen. Es leitet Sie zu konzentriertem und diszipliniertem Verhalten an. Sie können immer wieder nachlesen, ergänzen und korrigieren, was Sie planen. Dieser erarbeitete schriftliche Plan dient Ihnen nach dem Gespräch zur Erfolgskontrolle und als dokumentierter Nachweis.

Ihre persönliche Beziehung zu Ihrem Gesprächspartner

Sie kommunizieren zwar über ein Sachthema, um eine Lösung für dieses Thema zu finden. Jedoch sind Sie – beide Gesprächspartner – immer als ganzer Mensch, mit all Ihren Emotionen und Bedürfnissen dabei. Stellen Sie sich bitte deshalb die Frage, welche persönliche Beziehung Sie zu Ihrem Gesprächspartner haben.

Haben Sie überhaupt eine Beziehung zum anderen? Oder sind Sie beziehungslos? Dann wäre es gut, zuerst einmal eine Beziehung aufzubauen. Sich kennenzulernen, zu wissen, mit wem man es zu tun hat. Für Sie bedeutet das herauszufinden, was der andere für Stärken oder Vorlieben in einem Gespräch hat, und etwas Persönliches von ihm zu wissen, um in einen Small Talk einsteigen zu können.

Wie sympathisch ist Ihnen Ihr Gesprächspartner?

Solange Sie sich gegenseitig mögen und wenn die Chemie zwischen Ihnen beiden stimmt, fällt Ihnen wahrscheinlich auch das Geben und Nehmen im Gespräch leicht. Was aber, wenn Sie sich absolut nicht wohlgesonnen sind? Wenn zwischen Ihnen beiden Spannungen bis hin zu atmosphärischen Störungen vorhanden sind, ist Vorbereitung umso notwendiger.

Gerade dann, wenn Ihnen der Gesprächspartner unsympathisch ist und überhaupt nicht auf Ihrer Wellenlänge liegt, wird die Kommunikation zur Herausforderung. Denken Sie daran, Sie möchten für die Sache ein gutes Gesprächsergebnis erreichen. Dazu müssen Sie Ihren Gesprächspartner nicht mögen, Sie müssen nicht Ihren Urlaub mit ihm verbringen oder Ihre Freizeit, sondern allein für das Gesprächsthema ein Ergebnis zur Zufriedenstellung beider Seiten erreichen. Verhalten Sie sich professionell und gehen Sie wertschätzend mit Ihrem Gesprächspartner um und auf ihn ein.

Wie groß ist Ihr Vertrauen zu Ihrem Gesprächspartner?

Das hat sehr viel damit zu tun, wie gut Sie ihn kennen oder ob Sie schon häufiger mit ihm problematische Situationen in Gesprächen lösen mussten. Das hat auch damit zu tun, wie verbindlich und zuverlässig gegebenenfalls Gesprächsergebnisse in der Vergangenheit eingehalten und umgesetzt wurden. Wie sehr vertrauen Sie Ihrem Gesprächspartner und wie sehr kann dieser Ihnen vertrauen? Können Sie sich auf ihn verlassen, kann er auf Sie zählen?

Wie können Sie auf den anderen zugehen, ihm Wertschätzung zeigen? Wie sind die Abhängigkeiten zwischen Ihnen beiden? Kann Sie der Gesprächspartner aufgrund seiner beruflichen Position unter Druck setzen? Oder Sie ihn? Führen Sie Gespräche mit Vorgesetzten oder nachgeordneten Mitarbeitern?

Welche Auswirkung hat eine zufriedenstellende Vereinbarung auf Ihre gegenseitige Beziehung und Ihr Vertrauensverhältnis zueinander? Welchen Einfluss hat das Gesprächsergebnis auf das Miteinander zwischen Ihnen und Ihrem Gesprächspartner? Unabhängig davon, in welchem Bereich Sie kommunizieren, denken Sie über die Zeit nach dem Gespräch nach. Was folgt einem zufriedenstellenden Gesprächsabschluss? Welche Auswirkung hätte ein Scheitern oder ein für Ihren Gesprächspartner ungünstiges Ergebnis des Gesprächs auf Ihre persönliche oder geschäftliche Beziehung?

Man trifft sich immer zwei Mal im Leben

Gesprächspartner haben zwei grundlegende Interessen: Das eine bezieht sich auf eine gute sachliche Vereinbarung und das andere auf eine positive persönliche Beziehung zueinander. Das Ergebnis Ihres Gesprächs wirkt sich auf Ihre weitere Beziehung zu Ihren Kollegen, Mitarbeitern, Geschäftspartnern, Kunden oder auch zu Ihren Gesprächspartnern im privaten Bereich aus. Für beide Seiten zufriedenstellende Gesprächsergebnisse zu erreichen, ist die elementare Grundlage für den weiteren Umgang oder Kontakt miteinander. Die meisten Gespräche in unserem beruflichen und privaten Umfeld finden im Rahmen einer dauerhaften Beziehung statt. In den seltensten Fällen treffen wir unsere Gesprächspartner nie wieder – glauben Sie mir – denn es stimmt: Man trifft sich immer zwei Mal im Leben!

Durchdenken Sie Ihre Gesprächssituationen vorab im Kopf – noch besser, reden Sie dabei laut im Selbstgespräch vor sich hin. Bereiten Sie sich mental vor. Das ist eine Möglichkeit. Die zweite: Üben Sie Formulierungen in kleinen Schritten im Alltag, zum Beispiel in einem Gespräch mit Kolleginnen oder Kollegen, im Verein oder in der Familie. Danach wird Ihnen in Ihren bedeutungsvollen Gesprächen das Reden und Argumentieren leichter fallen.

Nutzen Sie die Fragen der folgenden Checkliste, um sich sehr konkret auf Ihr nächstes Gespräch vorzubereiten, einzustimmen und einzustellen:

- Was ist der Anlass, das Thema des Gesprächs?
- Welche Fach- und Sachkenntnisse habe ich, um das Gespräch zu führen, und wie tief gehend sind diese?
- Welche Personen nehmen an dem Gespräch teil?
- Wie ist unsere Beziehung zueinander?
- Was ist mir über meinen Gesprächspartner bekannt?
- Was will ich für mich erreichen, was ist mein Ziel im Gespräch?
- Was sind die möglichen Ziele meines Gesprächspartners?
- Welche gemeinsamen Ziele haben wir?
- Was will ich unbedingt ansprechen?
- Welche Einwände könnte mein Gesprächspartner haben?
- Welche Argumente und Unterlagen benötige ich für das Gespräch?
- Bei wem oder wo kann ich im Vorfeld weitere Informationen zum Gesprächsthema erhalten?
- Was darf nicht passieren?
- Wann und wie werde ich das Gespräch nachbereiten? Nach dem Gespräch ist vor dem Gespräch!

Gespräche im privaten Bereich werden oft zu locker gehandhabt – auch hier empfiehlt sich eine konsequente Vorbereitung und eine gute Gesprächsatmosphäre. Besprechen Sie wichtige Dinge im Privatleben nie (selbstverständlich genauso wenig im beruflichen Bereich) einfach nur so nebenbei – oder zwischen Tür und Angel!

Weshalb Vorbereitung Erfolg versprechend ist

Vielleicht fragen Sie sich jetzt: „Ja muss ich mich denn stets vorbereiten? Es gibt doch immer wieder Situationen, in denen ich keinerlei Möglichkeit habe, mich auf ein Gespräch einzustellen. Was soll ich denn tun, wenn sich eine lockere Unterhaltung mit einer Kollegin oder einem Kollegen plötzlich in ein Gespräch verwandelt, bei dem ich eine bedeutende Entscheidung treffen soll? Da habe ich doch keine Chance, mich vorher und frühzeitig darauf vorzubereiten."

Durchaus kann es immer wieder vorkommen, dass überraschend eine lose Unterhaltung zu einem Gespräch mutiert, in dem Entscheidungen von Ihnen gefällt werden müssen, und Sie sich nicht vorbereiten konnten. Trotzdem oder gerade deshalb bedeutet das für Sie, einen Standpunkt einzunehmen – möglicherweise den, dass Sie im Moment keine Entscheidung treffen möchten, weil Sie das Thema überrascht und Sie Bedenkzeit brauchen. Sie können, weil Ihnen Informationen fehlen, weder eine zustimmende noch ablehnende Haltung einnehmen. Auch Fragen nach Alternativen oder Lösungen können in einer solchen Situation wahrscheinlich nicht beantwortet werden.

Erkennen und realisieren Sie, wann eine lockere Unterhaltung in ein bedeuten-
des Gespräch gleitet. Seien Sie also auf der Hut, wenn Ihnen jemand beiläufig
eine Entscheidung oder konkrete Aussagen zu bestimmten Vorgängen entlockt.
Bemerken Sie das nicht, haben Sie schlechte Karten. Sie sollten Sensibilität
entfalten und Ihre Sinne im Erkennen derartiger Situationen trainieren.

Wiederholt erzählen mir Teilnehmende meiner Seminare, dass sie im
Unternehmen kurzfristig zu größeren Meetings, zu Gesprächen in einem
kleinen Teilnehmerkreis hinzugebeten oder aus einer Arbeit herausge-
rissen werden, um spontan eine Stellungnahme zu äußern oder eine
Entscheidung zu treffen.

Unabhängig davon, ob es sich nun um ein Gespräch, ein Meeting oder
einen anderen Anlass der Zusammenkunft handelt, sollten Sie keine
Entscheidung unter dem Druck der Situation, dem Druck der Anwesenden oder unter einem zeitlichen Druck treffen. Bitten Sie die Anwesenden um Verständnis – soll eine korrekte, kompetente, zuverlässige
Aussage von Ihnen getroffen werden, ist das mal so nebenbei zwischen
Tür und Angel unmöglich, sogar unfair. Kompetente Gesprächspartner,
die wertschätzend und im Rahmen einer dauerhaften Beziehung mit Ihnen kommunizieren, werden Verständnis haben und Ihnen ausreichend
Gelegenheit geben, Ihre Entscheidung vorzubereiten.

Selbstverständlich sollten Sie Fragen, die Sie locker aufklären können
und die zu Ihren alltäglichen Aufgaben gehören, den Anwesenden um-
gehend beantworten. Ansonsten wäre Ihre Kompetenz infrage gestellt.

Bereiten Sie sich vor jedem Gespräch schriftlich vor, schon 10 Minuten sind besser als gar keine Vorbereitung. Stellen Sie sich mental auf die Person, mit der Sie das Gespräch führen, ein. Reichen Ihre Fach- und Sachkenntnisse für das Gespräch aus oder müssen Sie sich weitere inhaltliche Informationen oder Unterstützung einholen? Klären Sie vorab, ob im Gespräch eine Entscheidung getroffen werden muss.

Bestimmen Sie Ihr Gesprächsziel

Ein klares und eindeutiges Gesprächsziel ist unerlässlich, weil es Sie unterstützt, Pläne und eine konkrete Vorgehensweise für Ihre Gespräche zu entwickeln. Denken Sie an Seneca: Wenn Sie den Hafen nicht kennen, in den Sie segeln wollen, dann ist kein Wind für Sie richtig! Wenn Sie Ihr Ziel nicht kennen, werden Sie nicht die richtigen Argumente finden. Ein Ziel gibt Ihrem Gespräch Richtung und Struktur.

„Wer den Hafen nicht kennt, in den er segeln will, für den ist kein Wind richtig."

Seneca

Das bedeutet: Sie richten Ihre Vorgehensweise auf Ihr Ziel aus und klopfen bei der Zielsetzung auch ab, ob Ihr Ziel machbar ist. Genauso gilt es, Ihr Ziel mit den Zielen Ihres Gesprächspartners abzustimmen und ihm etwas anzubieten, sich mit den Bedürfnissen und Interessen des Gesprächspartners auseinanderzusetzen. Schließlich wollen Sie etwas von ihm in diesem Gespräch. So ist es für Sie von Vorteil, wenn Sie ihm auch etwas anbieten können. Gespräche erfolgreich zu führen, ist ein Geben und Nehmen. Schließlich benötigen Sie für Ihre erfolgreiche

Zielerreichung Ihren Gesprächspartner. Sonst müssten Sie kein Gespräch führen und könnten die Angelegenheit alleine regeln.

Ein einfaches, alltägliches Beispiel für eine Zielsetzung
Wie oft waren Sie schon völlig unzufrieden mit einer scheinbar banalen Gesprächssituation? Mir fällt das Beispiel einer Bekannten ein. Vor ein paar Tagen hatte sie einen Arzttermin, rief mich danach ziemlich aufgeregt an und erzählte mir, dass sie überhaupt nicht dazu gekommen wäre, dem Arzt gewissenhaft ihre gesundheitlichen Probleme zu schildern. Sie wäre durcheinander gewesen und es wäre nach einer langen Zeit im Wartezimmer plötzlich alles so schnell gegangen!

Mit einer schriftlichen Vorbereitung und Zielsetzung wäre ihr das nicht passiert! Zu Risiken und Nebenwirkungen brauchen Sie hier nicht Ihren Arzt oder Apotheker zu fragen – sondern fragen Sie Ihren Coach und Ihre Trainerin!

Es ist empfehlenswert, sich durchaus auch auf einen Arztbesuch vorzubereiten! Ärzte arbeiten oftmals unter einem hohen Zeitdruck und mit einem vollen Wartezimmer nebenan. An diesem scheinbar einfachen Beispiel eines Arztbesuches können Sie jederzeit Vorbereitung und Zielsetzung üben: Setzen Sie sich vor Ihrem Arzttermin 10 Minuten in Ruhe hin und denken Sie darüber nach, was Sie besprechen möchten.

Checkliste für Ihren Arztbesuch:
- Weshalb suchen Sie den Arzt auf?
- Welche Beschwerden haben Sie?
- Wie äußern sich diese Beschwerden/Schmerzen?
- Wann genau und wie oft haben Sie diese Beschwerden?

- Was möchten Sie dem Arzt mitteilen? Was muss er von Ihnen wissen?
- Was erwarten Sie vom Arzt? Was ist Ihr Ziel in diesem Arztgespräch? Eine Untersuchung durch ihn? Medikamente? Eine Massageverordnung? Eine genaue Untersuchung durch einen Spezialisten?
- Benötigen Sie eine Überweisung?
- Ist es notwendig, mit dem Arzt über die Abrechnung zu sprechen?
- Kennen Sie beim Verlassen des Sprechzimmers Ihre Diagnose?
- Wissen Sie beim Verlassen des Behandlungszimmers, wie Sie sich zu verhalten haben, um Ihren Krankheitsverlauf positiv zu beeinflussen und etwas für Ihre Gesundheit zu tun?

Eine Menge von Vorbereitungsfragen für einen Arztbesuch, denken Sie vielleicht! Und weshalb brauchen Sie für einen Arztbesuch schriftliche Notizen und eine Zielvorstellung? Haben Sie schon einmal in einem Wartezimmer über eine Stunde gewartet, bis Sie an der Reihe waren? Vor lauter Schreck und Erleichterung, jetzt endlich ins Behandlungszimmer zu kommen, haben schon viele Patienten vergessen, was sie alles auf dem Herzen hatten, welche Fragen sie stellen wollten und welches Ziel sie für den Arztbesuch hatten!

Die Vorbereitungsfragen für ein Arztgespräch sind nur beispielhaft. Sie können diese auf andere Gesprächssituationen übertragen. Genauso wie Ihr Arzt sind auch andere Gesprächspartner unter Zeitdruck und haben den nächsten Termin im Nacken sitzen. Gerade auf Gespräche, die unter Zeit- und Termindruck stattfinden, müssen Sie gut vorbereitet sein und wissen, was Ihr Ziel ist.

„Sobald der Geist auf ein Ziel gerichtet ist, kommt ihm vieles entgegen."

Johann Wolfgang von Goethe

Vorbereitung eines Autokaufes

Mein klares Ziel ist hier, ein neues Auto zu kaufen – werden Sie nun sagen. Das Ziel scheint beim Autokauf wirklich eindeutig definiert zu sein. Trotzdem gilt es, eine Reihe von Fragen für den Kauf abzustecken. Insbesondere über Ihren finanziellen Rahmen, Ihren finanziellen Zielkorridor, sollten Sie sich eindeutig Klarheit verschaffen. Ihr finanzielles Maximalziel sollten Sie im Gespräch immer vor Augen haben. Damit vermeiden Sie böse Überraschungen bei der Rechnung. Verkäufer sind dafür geschult, Ihnen höherwertige Produkte zu verkaufen. Das ist per se nicht schlecht, jedoch nur, wenn Sie sich finanziell nicht übernehmen. Selbstverständlich muss das Auto Ihren Bedürfnissen entsprechen. Auch über Ihre Anforderungen an den neuen Wagen müssen Sie sich im Vorfeld Gedanken machen.

Checkliste für den Autokauf:
- Bis wann benötigen Sie das neue Auto?
- Neu- oder Gebrauchtwagen?
- Welche Summe möchten Sie investieren?
- Welche Summe wollen Sie maximal ausgeben?
- Benötigen Sie eher ein Stadtauto oder einen Wagen für größere Entfernungen?
- Was ist Ihre durchschnittliche jährliche Kilometerleistung?
- Fahren Sie das Auto alleine oder haben Sie Familie?
- Welche Ausstattung sollte das Auto haben?
- Ist ein Auto für Sie Mittel zum Zweck oder ein Statussymbol?

- Fahren Sie gerne Auto, genießen Sie es, oder ist Autofahren für Sie nur eine Möglichkeit der Fortbewegung?
- Benötigen Sie modernste Ausstattung, modernste Technik?
- Befindet sich die Werkstatt, der Service in Ihrer Nähe?
- Wen im Bekanntenkreis oder im beruflichen Umfeld können Sie nach Erfahrungen fragen?

Vorbereitung eines Gesprächs über eine Gehaltsanpassung

Wie ist Ihre Zielsetzung: Haben Sie eine rein prozentuale Gehaltsanpassung oder einen Festbetrag als Ziel? Sie sollten sich auf alle Fälle über Varianten, die Sie als Vorschlag einbringen, Gedanken machen. Ein Gespräch über eine Gehaltsanpassung sollte weit darüber hinausgehen, nur den Standpunkt zu vertreten „Ich will mehr Geld".

In vielen Unternehmen ist es gern gesehen, wenn Mitarbeiter darüber nachdenken, welche Alternativen es zu einer prozentualen Erhöhung gibt, und sie einen konkreten Vorschlag mitbringen. Alternativen wie beispielsweise ein Fahrkostenzuschuss oder ein Zuschuss zum Kantinenessen, auch eine finanzielle Unterstützung für Ihre private Altersversorgung können Sie in das Gespräch als Vorschlag einbringen.

Denken Sie trotz Ihrer Interessen und Forderungen daran, was machbar sein könnte. Schätzen Sie ein, was für Sie wichtig ist und was Sie verlangen können, ohne die Beziehung zu Ihrer Führungskraft oder zu Ihrem Unternehmen zu gefährden. Überlegen Sie außerdem, inwieweit Sie bereit sind, für ein höheres Einkommen den Arbeitsplatz, den Arbeitsort zu wechseln, sich in eine andere Abteilung versetzen zu lassen oder eine andere Aufgabe zu übernehmen und vielleicht die Arbeitszeit zu verändern.

Legen Sie Ihr Ziel schriftlich fest, es gibt Ihrem Gespräch die Richtung vor.

Andererseits müssen Sie sich genauso gründlich darauf vorbereiten, wie Sie Ihre Leistungen und Ihre Arbeitsergebnisse der letzten Jahre im Gespräch dar- oder vorstellen. Werden Sie sich bewusst, welche Leistung Sie bringen. Listen Sie die Tätigkeiten, Projektarbeiten, Zusatzaufgaben oder andere Arbeiten, die Sie in den letzten Jahren erledigten, genau auf. Denken Sie ebenso daran hervorzuheben, welche Fach- oder Sozialkompetenzen Sie dem Unternehmen zur Verfügung stellen und welche zusätzlichen Qualifikationen Sie in den letzten Jahren erworben haben.

Checkliste Gehaltsanpassung:

- Sprechen Sie mit Ihrer Führungskraft über ein variables, fixes, erfolgsabhängiges oder gemixtes Gehalt? Wie sollte das im Detail gestaltet sein?
- Wäre eine Sonderzahlung angebracht, wenn ja, wie sollte diese nach Ihrer Meinung aussehen?
- Ist ein zusätzliches Monatsgehalt eine Möglichkeit?
- Ist ein höheres Weihnachts- oder Urlaubsgeld machbar, eine Gratifikation oder eine Leistungsprämie?
- Inwieweit könnten Sie eine Privatnutzung von Notebook oder Handy aushandeln?
- Was bedeutet ein Firmenwagen für Sie? Wenn Sie bereits einen fahren, wäre ein höherwertiger Wagen eine Alternative?
- Sind mehr Urlaubstage eine Alternative für Sie?
- Welche Weiterbildungsmaßnahme könnte Ihnen Ihr Unternehmen bieten, Sie dabei finanziell unterstützen oder für Fortbildungen von der Arbeit freistellen?
- Was ist das Äußerste, das Sie von Ihrem Unternehmen verlangen können?
- Was ist realistisch, ohne dass Sie maßlos wirken?
- Was können Sie Ihrem Unternehmen anbieten, was können Sie von sich geben? Was ist Ihre Leistung, Qualifikation oder Zusatzleistung, die Sie bieten?
- Was sind Ihre besonderen Projektabschlüsse, Quartalsergebnisse oder ähnliche Arbeiten? Wie gut sind Ihnen diese Aufgaben gelungen?

Wie für alle anderen Gespräche ist auch für ein Gespräch über eine Gehalts- anpassung Flexibilität, Eigeninitiative und Kreativität gefragt! Kreativ zu sein heißt, *querzudenken*!

Welche Fragen müssen Sie sich stellen, um *querzudenken*? Was müssen Sie tun?

- Was ist das Gegenteil von dem, was Sie möchten?
- Wie verschlimmert sich Ihr Thema?
- Die Welt oder Ihr Thema vom Kopfstand aus betrachten, alles auf den Kopf stellen.
- Ihr Gesprächsthema ins Gegenteil umkehren.

Obwohl oder gerade weil sich diese Querdenker-Ideen unsinnig anhö- ren, wird das Denken zur Kreativität und zu Lösungsideen angeregt.

Um ein erfolgreiches Gesprächsergebnis nicht zu gefährden, sollten Sie bereit sein, Zugeständnisse zu machen. Eine starre Fixierung auf Ihre Ziele – die Sie trotzdem im Auge behalten müssen – verhärtet die Fronten und lässt möglicherweise das Gespräch platzen. Ich bin immer wieder überrascht, wenn ich in meinen Seminaren erfahre, wie unzu- reichend vorbereitet Menschen Gespräche über eine Gehaltsanpassung oder über ihr berufliches Fortkommen führen und wie sie hinterher über ihr Unternehmen sauer und frustriert sind, weil sie leer ausgehen. Es ist Erfolg versprechend, sich beispielsweise mit Hilfe eines Coachs auf beruflich bedeutsame Gespräche vorzubereiten.

Im Arbeitsalltag ist es üblich, dass Führungskräfte mit Mitarbeitern Ge- sprächstermine vereinbaren oder sie zwischendurch zu einem Gespräch bitten. Coachees berichten mir häufig, dass ihnen erst im Gespräch klar wurde, was der Gesprächsinhalt sein sollte und welche Konsequenzen daraus resultierten.

Fragen, über die Sie sich vor einem Gesprächstermin zwischen Führungskraft und Mitarbeiter im Klaren sein sollten:

- Ist der Termin ein lockeres Austauschen von Informationen und Freundlichkeiten?
- Ist dieser Termin das Jahres-Mitarbeitergespräch entsprechend einer Vereinbarung oder eines Tarifvertrages zum Abschluss einer Zielvereinbarung?
- Dient dieser Termin zur Ermahnung zu einem pflichtbewussten Arbeiten?
- Wird eine Gesprächsnotiz über dieses Gespräch gefertigt? Wenn ja, wer erhält eine Kopie? Zu welchem Zweck?
- Was erwarten die Beteiligten von diesem Gespräch?
- Welches Ziel und welche Vorstellungen hat der Einzelne?

Einladungen zu Gesprächen ohne Inhaltsangabe oder Tagesordnung

Ein Gesprächsziel können Sie sich allerdings nur setzen, wenn Sie wissen, worum es geht, welches Thema oder Problem besprochen werden soll. Falls dies nicht aus der Einladung oder Tagesordnung ersichtlich ist und ein Gespräch beginnt, fragen Sie nach und klären Sie nachdrücklich, welchen Zweck die Zusammenkunft hat und welche Dauer vorgesehen ist! Ist es für Sie wichtig, sich vorzubereiten, bitten Sie um eine Terminverlegung.

Eine Seminarteilnehmerin erzählte von einem Gesprächstermin mit ihrer Führungskraft, in dem sie überhaupt nicht wusste, was das Ziel des Gespräches sein sollte. Die Führungskraft äußerte sich nicht eindeutig, plauderte ein wenig über den Stand des aktuellen Projekts, und die Mitarbeiterin traute sich nicht, Konkretes zu erfragen. Nach dem Gespräch war ihr nicht klar, welche Auswirkungen die Unterhaltung hatte und ob es einen schriftlichen Vermerk über die Inhalte gab. Nach dem Motto, wenn ich nicht frage, dann kann ja auch nichts Schlimmes passieren ... So wird häufiger gehandelt! Und irgendwann im Verlauf der Zusammenkunft ist die Überraschung groß, wenn das ein bedeutungsvoller Termin, gegebenenfalls ein offizielles Mitarbeiter- oder Entscheidungsgespräch ist, welches nicht nur zum Austausch von Informationen oder Meinungen dient und sogar schriftlich in den Akten festgehalten wird.

TIPP

Klären Sie grundsätzlich bei einem Gesprächstermin mit Vorgesetzten und Führungskräften vorher ab, um was es bei diesem Gespräch geht, welche Punkte anstehen. Ebenfalls sollten Sie vor Terminen mit anderen Personen im Unternehmen unbedingt abklären, was die Inhalte sein werden. Fragen Sie nach, wenn Ihnen das bei der Nennung des Termins nicht mitgeteilt wird! Sie können sich nicht vorbereiten, wenn Sie erst im Gespräch den Grund der Zusammenkunft erfahren.

Im privaten Bereich sind eine gezielte Vorbereitung und eine Zielsetzung für Gespräche gleichermaßen bedeutend! Wie oft mussten Sie in Ihrer Partnerschaft schon feststellen, dass Sie beide meinten, eigentlich über dasselbe Thema zu reden, um irgendwann zu merken, dass Sie aneinander vorbei über unterschiedliche Dinge sprachen. Bereiten Sie sich bitte auch auf private Gespräche in der Familie und Partnerschaft vor – auch hier schriftlich! Setzen Sie sich ein Ziel und klären Sie zu Beginn Ihre inhaltlichen Themen mit den anderen ab.

Für sich ein Gesprächsziel zu klären und sich ein konkretes Ziel zu setzen, für sich herauszufinden, was in einem Gespräch erreicht werden soll und was ein gutes Gesprächsergebnis wäre, das alles gilt es zu beachten, um in einem Gespräch zielorientiert vorzugehen, zielorientiert zu argumentieren und Ihr Ziel mit dem Ziel Ihres Gesprächspartners abzustimmen. Wenn Sie ein Ziel für sich festgelegt haben, bedeutet das nicht, dass Sie unflexibel auf dem Erreichen dieses Zieles beharren müssen. Im Gespräch finden Sie möglicherweise neue Sichtweisen, an die Sie bisher nicht gedacht hatten. Allerdings können Sie ohne Klärung Ihrer eigenen Ziele im Gespräch nicht klar und eindeutig auftreten oder argumentieren. Ohne Ziel können Sie vom Ziel nicht abweichen oder eine Zielkorrektur vornehmen.

Ziele des Gesprächspartners im Auge behalten

Zur Zielsetzung und Vorbereitung auf Ihren Gesprächspartner gehört genauso, dass Sie sich vor jedem Gespräch überlegen, welches Ziel Ihr Gesprächspartner möglicherweise hat und wie Sie ihm entgegenkommen könnten:

- Was will ich für mich erreichen, was ist mein Ziel in diesem Gespräch?
- Was ist möglicherweise das Ziel meines Gesprächspartners?
- Welche gemeinsamen Ziele haben wir?

Sich ein Ziel kurz vor dem Gespräch zu überlegen und im Kopf zu speichern, das reicht nicht aus. Unumgänglich ist, dass Sie Ihr Ziel klar, eindeutig und positiv formulieren und schriftlich festhalten – dann können Sie abschätzen, welche Zugeständnisse Sie Ihrem Gesprächspartner machen können.

Eine klare Zielvorstellung ist eine der Grundlagen für Ihren Gesprächserfolg. Was ist Ihre Zielsetzung? Was möchten Sie in diesem Gespräch erreichen? Möchten Sie einen günstigeren Kaufpreis aushandeln, geht es um eine Budgeterhöhung für Ihr Projekt, benötigen Sie weitere Mitarbeiter für die Erledigung der Aufgaben in Ihrer Abteilung? Streben Sie eine Gehaltsanpassung an oder möchten Sie Ihre Arbeitszeit verändern? Geht es darum, dass Sie mit Ihrem Geschäftspartner neue vertragliche Bedingungen vereinbaren? Sind Sie Betriebsrat und möchten den Abbau von Arbeitsplätzen verhindern? Das heißt, positiv formuliert: Möchten Sie als Betriebsrat die Arbeitsplätze erhalten? Oder möchten Sie als Betriebsrat neue Schichtpläne aushandeln? Gleichgültig, worum es in dem Gespräch oder um welches Gesprächsthema es sich handelt: Sie kommen ins Schwimmen, wenn Sie keine klare Zielsetzung haben.

Beispiele für positive Formulierungen:

Vermeiden Sie diese Formulierungen	Formulieren Sie besser so
„Mein Ziel ist es, in dem Gespräch eine Verschlechterung meiner Arbeitszeit zu verhindern."	„Mein Ziel ist es, in dem Gespräch meine Arbeitszeit, die ich im Moment habe, beizubehalten (zum Beispiel 8.00 bis 17.00 Uhr) sowie meine Gleitzeitregelung zu erhalten."
„Unser Ziel ist es, zu vermeiden, dass der Geschäftspartner dies oder das tut."	„Unser Ziel ist es zu erreichen, dass unser Geschäftspartner diesen Vorstellungen ... folgt."
„Ich möchte nicht, dass ich in ein anderes Team versetzt werde."	„Ich möchte in diesem Team bleiben, mit diesem Team, diesen Menschen weiter zusammenarbeiten."

Vermeiden Sie diese Formulierungen	Formulieren Sie besser so
„Wir möchten nicht, dass der Kunde seinen Auftrag storniert."	„Wir möchten, dass der Kunde seinen Auftrag bei uns aufrecht erhält." Weiter zum Beispiel: „Dafür unterbreiten wir ihm folgendes Angebot ..."

KOMPAKT

Eine klare Zielsetzung bedeutet, zu wissen, was Sie wollen, und das Ziel in einer konkreten, klaren Aussage zu formulieren. Positiv zu formulieren! Ein Gesprächsziel darf keine Vermeidungsformulierung oder Verneinung beinhalten. Sagen Sie, was Sie möchten, und nicht, was Sie nicht möchten!

Unterstützen Sie Ihr Ziel mit konkreten Argumenten

Sie haben sich Ihr Gesprächsziel gesetzt. Jetzt gilt es, dieses mit Argumenten zu untermauern. Es nützt Ihnen wenig, in einem Gespräch immer und immer wieder Ihr Ziel oder Ihre Forderungen zu wiederholen, wenn Sie es nicht überzeugend und mit triftigen Argumenten gestützt Ihrem Gesprächspartner näherbringen können.

TIPP

Argumente müssen Ihre Zielsetzung festigen, stützen und Ihrem Gesprächspartner Vorteile und Nutzen bieten.

Dass Sie Ihre Argumente dem anderen überzeugend darstellen können, setzt selbstverständlich voraus, dass Sie selbst von Ihrem Ziel überzeugt sind. Sollten Sie beim Aufbau Ihrer Argumentation an Ihrem Ziel Zweifel entdecken und unsicher werden, ist es sinnvoll, Ihre Zielsetzung zu überprüfen und zu hinterfragen.

Sammeln von Argumenten

Das Ziel gibt Ihnen im Gespräch die Richtung vor. Die Argumente müssen Sie auf die Bedürfnisse Ihres Gesprächspartners abstimmen. Jetzt werden Sie sicher sagen: „Ich muss doch mit meinen Argumenten mein Ziel untermauern, was kümmern mich da die Bedürfnisse des anderen?" Argumente, die Sie nicht auf die Bedürfnisse, auf das Ziel Ihres Gesprächspartners abstimmen, werden bei ihm nur wenig ankommen. Genauso wie Sie Ihr Ziel, Ihr Interesse verfolgen, hat Ihr Gesprächspartner sein Ziel, sein Interesse in seinem zentralen Blickfeld.

- Um erfolgreich zu sein, müssen Sie den anderen im Gespräch von seinem Nutzen an Ihrem Anliegen, an Ihrem Ziel oder Produkt überzeugen.
- Finden Sie Argumente, die Ihr Ziel unterstützen.
- Benennen Sie die Argumente, die das Fundament Ihres Ziels bilden.
- Zeigen Sie Argumente auf, die Ihrem Gesprächspartner einen Nutzen sowie Vorteile bieten.

Der erste Schritt für Ihre Argumentation

Notieren Sie im ersten Schritt alle Argumente, Informationen, Begründungen, Ideen, die Ihnen einfallen, fachlichen, sachlichen oder emotionalen Ursprungs – auch die scheinbar unwichtigen. Welche davon Sie im Gespräch einsetzen, das wird in einem zweiten Schritt ausgewählt. Befragen Sie Kollegen, Mitarbeiter, Freunde. Suchen Sie im Internet, in Büchern, in Pressearchiven und in anderen Informationsquellen. Verzichten Sie in dieser Phase auf eine Gewichtung der Argumente, sammeln Sie diese auf der Basis der Regel des Brainstormings: Keine Schere im Kopf – alles ist möglich!

Der zweite Schritt Ihrer Argumentation

Welche davon sind Ihre drei gewichtigsten Argumente? Gewichten Sie Ihre gesammelten Argumente und legen Sie Ihre drei bedeutungsvollsten Argumente fest. Nutzen Sie im Gespräch nur diese drei. Mehr als drei Argumente einzusetzen würde bedeuten, dass Sie Ihre Argumentation verwässern. Argumentieren Sie knapp und konkret!

Sich auf Einwände vorbereiten

Mit welchen Einwänden auf Ihre drei wichtigsten Argumente im Gespräch müssen Sie rechnen? Wie argumentieren Sie darauf? Wohlgemerkt darauf, nicht dagegen! Die empathischste und kommunikativste Art auf Einwände einzugehen ist, Fragen zu finden, die Sie dem anderen in dieser Situation stellen können. Beginnen Sie damit, dass Sie sich vergewissern, ob Sie alles richtig verstanden haben, indem Sie den Einwand mit eigenen Worten wiederholen: Aktives Zuhören praktizieren wie in Kapitel 3 beschrieben. Fragen Sie: „Habe ich Sie richtig verstanden, dass ...?" Dagegen zu argumentieren würde das Gespräch eskalieren lassen, es würde nur noch darum gehen, wer die kräftigeren, besseren, überzeugenderen Argumente hätte. Achten Sie außerdem darauf, Ihre bereits genannten drei wichtigsten Argumente nicht mit weiteren neuen Argumenten zu verwässern. Überlegen Sie an dieser Stelle vielmehr, mit was und wie Sie Ihrem Gesprächspartner entgegenkommen können. Schauen Sie in Kapitel 6 „Fragen stellen und Angriffe bewältigen". Haken Sie bei Einwänden mit Fragen nach, was der Gesprächspartner von Ihnen noch braucht, finden Sie heraus, was er von Ihnen möchte. Bieten Sie Lösungen an, entkräften Sie den Einwand durch kreative Alternativen und Lösungsvorschläge, die Sie sich möglichst bereits in der Vorbereitung überlegt haben. Denken Sie daran, es gibt nicht nur eine Lösung!

Beispiele für mögliche Fragen an den Gesprächspartner im Zusammenhang mit Einwänden:

„Wie muss für Sie mein Angebot aussehen, damit es für Sie infrage kommt?"

„Welchen Vorteil müssen wir Ihnen bieten, um ...?"

„Das ... bedaure ich sehr und möchte persönlich Ihr Vertrauen zurückgewinnen. Was kann ich dafür tun?"

„Was fehlt Ihnen noch an unserem Angebot, um uns den Auftrag zu erteilen?"

„Was brauchen Sie dafür ...?"

„Womit vergleichen Sie den Preis?"

„Woran haben Sie keinen Bedarf?"

„Worauf beziehen Sie sich?"

„Was genau ist Ihr besonderes/spezielles Interesse?"

„Gut, dass Sie das ansprechen ..."

„Das ist eine sehr wichtige Frage, dass ..."

Fragen Sie nach dem Rat Ihres Gesprächspartners:

„Wäre es für Sie so ... vorstellbar?"

„Würden Sie es für möglich halten, dass ...?"

„Was würden Sie als Lösung vorschlagen ...?"

„Was raten Sie?"

KOMPAKT

Legen Sie Ihr Gesprächsziel fest, sammeln und gewichten Sie die Argumente, die Ihre Zielsetzung untermauern. Werden Ihnen Einwände erwidert, hören Sie diese wirklich genau an. Wiederholen Sie das Gesagte mit eigenen Worten, finden Sie heraus, ob Sie alles korrekt verstanden haben. Stellen Sie „W"-Fragen, hinterfragen Sie die Einwände. Vermeiden Sie, Ihre bereits gesagten

Argumente zu wiederholen oder völlig neue einzubringen. Regen Sie Ihren Verhandlungspartner mit Fragen zum Nachdenken und zur Lösungsfindung an.

Sie haben sich schriftlich auf das Gespräch vorbereitet, Sie kennen Ihr Ziel, Sie haben Ihre Argumente vorbereitet und gewichtet: Diese vorbereiteten Unterlagen packen Sie nun für Ihren Gesprächstermin ein und legen sie im Gespräch vor sich auf den Tisch. Nehmen Sie immer Papier und Schreibzeug mit für Ihre Notizen – gehen Sie nie ohne in ein Gespräch!

Eine freundliche Gesprächsatmosphäre

„Der Mensch, mit dem du gerade sprichst, ist der Wichtigste. "

Augustinus

Oftmals ist es schwierig, überhaupt miteinander in Kontakt oder ins Gespräch zu kommen. Neben den Vorbereitungen ist deshalb ein freundlicher, positiver Beginn unabdingbar, um eine wohltuende, entspannte Gesprächsatmosphäre zu schaffen!

Wie geht es Ihnen, wenn Sie sich in einer Verhandlung oder in einem Gespräch unbehaglich fühlen? Was werden Sie Ihrer Meinung nach bei Ihrem Gesprächspartner erreichen, wenn er sich unbehaglich fühlt? Wahrscheinlich nicht viel, er wird sich möglicherweise zurückziehen und nicht auf Ihre Argumente eingehen. Die Gesprächslage stagniert und ein Ergebnis, vor allem ein zufriedenstellendes Ergebnis für beide Seiten, ist gefährdet.

Reflektieren Sie

Überprüfen Sie mit der nächsten Übung, wie es Ihnen in einer unangenehmen Gesprächssituation erging. Sie können sich dann besser in das Befinden Ihres Gesprächspartners einfühlen.

Kreuzen Sie bitte die Gründe an, weshalb Sie sich bereits zu Beginn eines Gesprächs unwohl fühlten (erinnern Sie sich an vergangene Situationen, was hat Ihnen missfallen):

Ich saß unbequem	O
Mir gefiel die Raumatmosphäre nicht	O
Die Luft war schlecht	O
Der Raum war mir zu kahl	O
Ich fühlte mich fremd	O
Die Tischanordnung gefiel mir nicht	O
Ich saß zu nah an meinem Gesprächspartner	O
Ich konnte aufgrund der Sitzordnung mit meinem Gesprächspartner keinen Blickkontakt halten	O
Die Sonne blendete mich	O
Ich fühlte mich durch meine Sitzposition abgewiesen	O
Ich musste lange warten und war genervt	O
Ich war verunsichert durch ein hektisches Auftreten des anderen	O
Mein Gesprächspartner würdigte mich gleich zu Beginn keines Blickes	O
Mein Gesprächspartner vermittelte mir gleich zu Beginn, dass er kaum Zeit für mich hat	O
Ich hatte keine Ahnung, aus welchem Anlass der Termin stattfand	O
Mein Gesprächspartner kam zu spät und begrüßte mich nur beiläufig	O
_____	O
_____	O
_____	O

Muten Sie Ihrem Gesprächspartner zu Beginn und während eines Gesprächs nichts zu, was auch Ihnen missfallen würde. Verhalten Sie sich so und gehen Sie so auf Ihren Gesprächspartner zu, wie Sie sich sein Verhalten Ihnen gegenüber wünschen und erwarten.

TIPP

So gelingt ein positiver Gesprächseinstieg

Findet ein Gespräch in Ihren Räumen oder auf Ihre Veranlassung hin statt, dann stehen Sie von Ihrem Stuhl auf und gehen Sie auf Ihren Gesprächspartner zu, wenn er den Raum betritt. Völlig unfreundlich wäre, ihn zuerst einmal im Raum stehen zu lassen und vielleicht sogar noch eine Arbeit zu beenden. Eigentlich eine Selbstverständlichkeit. Ich stelle jedoch immer wieder fest, dass unfreundliche Verhaltensweisen mit der Begründung „viel Arbeit, Stress" entschuldigt werden. Unfreundliche Verhaltensweisen können allerdings genauso ein Ausdruck von Unsicherheit, Überheblichkeit oder Machtspielen sein. Da ist es wichtig, dass Sie argumentativ sicher sowie mit einer stabilen Persönlichkeit ausgerüstet sind und derartige Unfreundlichkeiten beispielsweise ignorieren und abprallen lassen.

Begrüßen Sie Ihren Gesprächspartner immer per Handschlag, freundlich und lächelnd. Kein Schlabberhändchen, kein lascher, sondern ein fester Händedruck mit der ganzen Hand. Aber auch kein zu kräftiger Händedruck, bei dem der Gesprächspartner vor Schmerz aufjault! Zeigen Sie Ihrem Gesprächspartner, dass Sie ihn erwartet haben, und wenden Sie ihm Ihre ganze Aufmerksamkeit zu. Verkünden Sie zu Beginn Ihre Freude über das Gespräch.

Selbst wenn der Anlass des Gesprächstermins auf Sie einen sehr komplizierten und unangenehmen Eindruck macht, bleiben Sie freundlich und sprechen Sie Ihren Gesprächspartner mit Namen an.

Ein Bückling ist nicht nötig bei der Begrüßung, ein fester, freundlicher Händedruck reicht aus.

Wie Sie eine gute Gesprächsatmosphäre schaffen

Beginnen Sie das Gespräch locker und entspannt mit einer Aufwärm-phase, neudeutsch einem Small Talk. So wie sich ein Sportler vor dem Wettkampf warmläuft, die Muskeln anfeuert, so wärmen auch Sie und Ihr Gesprächspartner sich vor dem Gesprächsstart auf.

Fragen Sie Ihren Gesprächspartner beispielsweise, ob die Anreise an-genehm war, und zeigen Sie Interesse. Sie können auch an frühere Begegnungen oder Gespräche anknüpfen. Sprechen Sie zu Beginn ein Kompliment oder Lob aus, beispielsweise über die Dokumentation der letzten Besprechung oder über Unterlagen, die Sie bereits erhalten haben.

Im privaten Bereich können Sie sich beispielsweise für etwas bedanken. Sie können Ihrem Partner/Ihrer Partnerin ein Kompliment über das Aussehen, über ein neues Outfit machen, Ihre Kinder für eine gute sportliche oder schulische Leistung loben.

Small Talk und Komplimente zu Gesprächsbeginn

Denken Sie auch während des Gesprächs immer wieder daran, ein Lob, ein Kompliment auszusprechen – also positives Feedback zu geben (siehe Kapitel 7). Ein Kompliment oder ein Lob gleich am Anfang des Gesprächs anzubringen heißt nicht, zu schleimen. Das wäre nicht ehrlich, nicht authentisch und unprofessionell. Ihr Gesprächspartner würde ein unaufrichtiges Kompliment von Ihnen als solches auch erkennen und sich zurückziehen. Ein erfolgreicher Verlauf des Gesprächs wäre gefährdet. Sprechen Sie nur ein Lob oder Kompliment aus, wenn Sie es auch wirklich so meinen! Finden Sie keinen aufrichtigen Grund für eine positive Äußerung, dann lassen Sie es!

Beispiele für Small Talk-Themen, mit denen Sie ein Gespräch beginnen können:

„Hatten Sie eine gute Anreise? Wie war die Fahrt auf der Autobahn, die Zugfahrt?"

„Wenn Engel reisen, lacht der Himmel, Sie haben uns gutes Wetter mitgebracht."

„Sie kennen Herrn X/Frau Y schon länger?"

„Sie fahren einen PKW Marke XY? Sind Sie zufrieden?"

„Sie haben einen sehr angenehmen Besprechungsraum, gefällt mir."

„Schön, dass Sie sich heute für unser Gespräch Zeit nehmen konnten."

„Danke für die Einladung in Ihre Räumlichkeiten."

„Hatten Sie in diesem Jahr schon Urlaub?"

„Darf ich Ihnen gleich etwas zu trinken anbieten? Mögen Sie lieber Kaffee oder Tee?"

„Sie kommen aus München? An München habe ich nur die besten Erinnerungen."

Nach dem Einstieg in ein Thema können Sie dieses vertiefen. Finden Sie Anknüpfungspunkte, um auf andere Themen überzugehen. Hören Sie zu und stellen Sie für eine tiefer gehende Kommunikation – sofern Sie das möchten – W-Fragen. Vermeiden Sie politische Äußerungen, das Thema Religion und Bemerkungen über Krankheiten. Das sind zu persönliche Themen, sie sind nicht für einen Small Talk geeignet.

Wo und wie sitzen Sie in einem Gespräch?

Setzen Sie sich mit Ihrem Gesprächspartner an einen separaten Besprechungstisch, erörtern Sie nichts mit ihm an Ihrem Schreibtisch und verschanzen Sie sich nicht hinter Akten oder dem PC! Laden Sie den Gesprächspartner zu sich ins Büro ein, haben Sie einen Heimvorteil. Umgekehrt ist es genauso: Werden Sie in ein anderes Büro zu einem Gespräch gebeten, hat der andere den Heimvorteil. Wählen Sie stattdessen eine angenehme, neutrale Umgebung, einen freundlich gestalteten Raum für Ihr Treffen oder Ihre Aussprache.

Achten Sie auf eine bequeme Sitzposition, die Ihnen eine offene, aufrechte Sitzhaltung ermöglicht. Bauen Sie keine Barrieren auf durch eine ungünstige Sitzposition des Gesprächspartners, das bedeutet beispielsweise, keine Aktenberge vor sich auf den Tisch legen, um sich dahinter zu verstecken, oder ein zu breiter Tisch mit einem großen Abstand zwischen Ihnen und Ihrem Gesprächspartner. Vorteilhaft ist, wenn Sie bei Zweier-Gesprächen über Eck sitzen können – noch besser ist für alle

Gesprächssituationen ein runder Tisch. Nicht umsonst wird für politisch kritische Situationen oder Eskalationen ein runder Tisch – manchmal auch nur ein symbolisch runder Tisch – gefordert.

In beruflichen Gesprächen ist der persönliche Distanzbereich unbedingt zu wahren – zwischen 0,6 und 1,5 m. Setzen Sie sich nicht zu dicht zu Ihrem Gesprächspartner, ebenso nicht direkt neben ihn hin. Halten Sie Blickkontakt.

Schaffen Sie eine verbindliche und trotzdem gelockerte Gesprächsatmosphäre

Genauso wie im Beruf sorgen Sie auch bei Gesprächen im privaten Bereich für eine ruhige, angenehme Atmosphäre. Reden Sie mit niemandem beziehungsweise besprechen Sie nichts nur so im Vorübergehen, nicht kurz bevor Familienangehörige das Haus verlassen müssen und in Eile sind. Vereinbaren Sie auch in der Familie oder im Freundeskreis einen Gesprächstermin, wenn schwierige Angelegenheiten zu bereden und zu klären sind. Wählen Sie einen Termin und den Ort oder Raum, wo sich alle in Ruhe über das Thema oder ein Problem unterhalten können. Mit einer förmlichen Vorgehensweise signalisieren Sie, dass das Thema Bedeutung hat und Ihnen wichtig ist.

Reichen Sie Getränke, Gebäck oder Obst. Sie zeigen auch dadurch Wertschätzung und Aufmerksamkeit für Ihren Gesprächspartner. Essen und Trinken lockert die Stimmung auf. Gießen Sie Ihrem Gesprächspartner ruhig mal den Kaffee nach, das ist eine freundliche Geste! Und nehmen Sie sich ausreichend Zeit für das Gespräch.

Wenn Sie gleich zu Beginn andeuten, dass Sie nur kurz Zeit haben, fühlt sich Ihr Gesprächspartner möglicherweise nicht ernst genommen. Günstig ist, wenn Sie Ihren Zeitkorridor gemeinsam absprechen und festlegen.

Achten Sie auf eine angemessene Kleidung – eigentlich überflüssig an dieser Stelle darauf hinzuweisen, dass Sie zu bedeutenden Gesprächen nicht im Freizeitlook erscheinen – sowohl im Berufs-, als auch im Privatleben.

Störungen ausschalten

Störungen wirken sich negativ auf den Gesprächsverlauf und den -erfolg aus. Unterschätzen Sie das bitte nicht. Mitarbeiter oder auch Führungskräfte, denen Sie nicht die entsprechende Wertschätzung und Aufmerksamkeit entgegenbringen, können aufgrund einer gefühlten Geringschätzung heraus eine Trotz- oder Widerstandshaltung im Gespräch einnehmen oder mit einer frustrierten und demotivierten Haltung das Gespräch verlassen und dies auf die Arbeit sowie andere Personen übertragen. Geschäftspartner könnten sich zurückziehen und den Auftrag einem anderen Unternehmen erteilen.

TIPP

Vermeiden Sie Störungen während des Gesprächs. Stellen Sie das Telefon auf den Anrufbeantworter um oder bitten Sie einen Mitarbeiter oder eine Mitarbeiterin, die Anrufe entgegenzunehmen. Egal, welche Art von Inhalt oder Anlass dem Gespräch zugrunde liegt, widmen Sie sich voll und ganz Ihrem Gesprächspartner.

Wenn Sie berufliche Gespräche führen, sollten Sie sich überlegen, ob Sie bestimmte Hilfsmittel wie zum Beispiel ein Flipchart, einen Beamer oder Abfragekarten für das Gespräch benötigen.

Bauen Sie langfristige Beziehungen auf und aus

Der Inhalt dieses Buches hilft nicht nur Ihnen zu einem erfolgreichen Gesprächsergebnis – sondern auch Ihrem Gesprächspartner. Weshalb soll auch Ihr Gesprächspartner nach dem Gespräch erfolgreich und zufrieden sein? In der Regel führen wir unsere Gespräche mit Menschen, die wir immer wieder treffen, denen wir immer wieder begegnen. Wenn Sie beide zufrieden mit dem Gesprächsergebnis sind, schafft das langfristig für Sie beide eine produktive Beziehung im Geschäfts- oder Privatleben. Und gute, dauerhafte Beziehungen bedeuten Erfolg für Sie!

Vermeiden Sie „Ja, aber ..."-Sätze. Sagen Sie stattdessen beispielsweise: „Meine Meinung dazu ist ...". Achten Sie darauf, dass Sie nicht nach dem Muster auftreten „Ich habe recht, der andere hat unrecht". Vermeiden Sie Negativ-Formulierungen wie „Ich möchte nicht, dass Sie ...", „Ich finde nicht, dass ...". Trainieren und üben können Sie diese Ausdrucksweise im Alltag. Achten Sie auf Ihre Sätze: Wie oft sagen Sie „Ja, aber ..."! Schärfen Sie Ihr Bewusstsein im Umgang damit. Holen Sie sich Feedback von anderen ein, indem Sie konkret fragen, ob den anderen Personen auffällt, ob Sie oft „Ja, aber ..."-Sätze verwenden.

Ergebnis festhalten und das Gespräch positiv beenden

Auch am Ende eines Gesprächs, wenn Sie eventuell schon erleichtert durchatmen und das Schlimmste überstanden haben, beachten Sie bitte: Halten Sie Ihr Gesprächsergebnis schriftlich fest! Darüber besteht in der Regel Einigkeit, wenn Sie einen Vertrag abschließen müssen. Dabei ist Ihnen bewusst, dass der Vertrag schriftlich mit verbindlichen Aussagen, eventuell sogar juristisch überprüft, abgeschlossen werden muss. Wird jedoch über Themen geredet, die keiner vertraglichen Regelung bedürfen, begnügen sich die Gesprächspartner häufig mit mündlichen Absprachen. Das kann beispielsweise bei Gesprächssituationen im Team, innerhalb der Abteilung, im Familienkreis oder im Verein häufiger vorkommen. Ich empfehle Ihnen dringend: Treffen Sie eine verbindliche Vereinbarung, entwickeln Sie gemeinsam einen schriftlichen Maßnahmenplan, wer, was, wann, bis wann, wie, welche Aufgaben mit wem zusammen erledigt werden müssen und an wen Bericht zu erstatten ist. Sie stellen damit eine Verpflichtung und Verbindlichkeit der vereinbarten Regelungen oder Maßnahmen her.

Beispiel für einen Maßnahmenplan:

Maßnahmenplan				
Wer?	**Was?**	**Wie?**	**Bis wann?**	**Bericht an**
...	...	...	...	...
Unterschriften der am Gespräch beteiligten Personen:				

Am Ende Ihres Gesprächs angelangt beachten Sie bitte Folgendes: Gestalten Sie den Abschluss ebenfalls positiv – stellen Sie am Schluss die Gemeinsamkeiten heraus. Zeigen Sie Ihre Freude und Zufriedenheit, dass Sie dieses Gespräch miteinander führen konnten – selbstverständlich nur, wenn Sie wirklich zufrieden mit dem Gesprächsverlauf und dessen Ergebnis sind. Bleiben Sie authentisch und ehrlich. Günstig ist, wenn Sie jetzt noch eine wertschätzende, freundliche Schlussformel finden – das zuletzt Gesagte bleibt hängen!

Beispiele für die Verabschiedung:

„Ich bedanke mich bei Ihnen für das konstruktive Gespräch."

„Schön, dass wir so zügig eine Lösung gefunden haben, mit der wir beide zufrieden sein können."

„Danke für Ihre hervorragende Vorbereitung des Gesprächs."

„Nachdem wir heute eine so gute Zusammenarbeit im Gespräch hatten, freue ich mich bereits auf unseren nächsten Termin."

„Vielen Dank, dass Sie sich trotz des Termindrucks heute Zeit für unser Gespräch genommen haben."

KOMPAKT Beginnen Sie Ihr Gespräch freundlich mit einem Small Talk. Das ist für Sie wichtig, um selbst locker zu werden, um einen guten Draht zum Gesprächspartner aufzubauen und um eine angenehme, wertschätzende Gesprächsatmosphäre zu schaffen. Auch am Ende des Gesprächs gilt es, freundlich zu sein: Verabschieden Sie Ihren Gesprächspartner per Handschlag, wünschen Sie ihm eine gute Heimreise, eine schöne Woche, noch einen angenehmen Tag oder etwas ähnlich Nettes. Lächeln Sie! Auf diese Weise stellen Sie bereits für künftige Gespräche Weichen in eine positive Richtung! Der erste Eindruck zählt und der letzte bleibt.

Nachbereitung – Ziel erreicht?

Zur Nachbereitung müssen Sie Ihre Vorbereitung und Zielsetzung einbeziehen. Nehmen Sie für die Nachbereitung Ihre schriftlich vorbereiteten Unterlagen zur Hand und gleichen Sie das Ziel, welches Sie sich vorgenommen hatten, mit dem erreichten Ziel ab. Wie nah sind Sie an Ihr Ziel herangekommen? Wie gut gelang es Ihnen, Ihre Argumente rüberzubringen?

Das Gesprächsergebnis mit dem gesetzten Ziel vergleichen

Vergleichen Sie Ihr Gesprächsergebnis mit Ihrer Zielsetzung. Wie nahe beziehungsweise wie weit entfernt liegt das Ergebnis von Ihrer Zielsetzung?

Wo finden Sie sich auf einer Skala von 1 bis 10 (1 steht für Ziel nicht erreicht, 10 steht für Ziel voll erreicht) Ihrer Meinung nach mit dem Ergebnis wieder? Je konkreter Sie sich Ihr Ziel gesetzt haben, umso eher können Sie überprüfen, wie nahe Sie dem gekommen sind

Denken Sie daran: Dazu gehört schon in Ihrer Vorbereitung, Ihr Ziel mit dem Ziel Ihres Gesprächspartners abzugleichen, Ihre Argumentation darauf auszurichten und darüber nachzudenken, was Sie ihm anbieten können.

Überprüfen Sie sich selbstkritisch nach dem Gespräch. Vermeiden Sie, Schuld beim anderen, den Umständen oder irgendwelchen äußeren Einflüssen zu suchen.

Es geht nicht um Schuld, sondern um eine selbstkritische Reflexion mit dem Anliegen, daraus für die nächsten Gesprächstermine zu lernen. Um besser und erfolgreicher zu werden!

Nutzen Sie die folgende Checkliste für Ihre Gesprächsnachbereitung:
- Was verlief positiv?
- Was verlief negativ?
- Wie zufrieden waren Sie mit Ihrer Vorgehensweise?
- Wie hat sich Ihre Vorbereitung auf das Gesprächsergebnis ausgewirkt?
- Was werden Sie beim nächsten Mal in Ihrer Vorbereitung anders angehen?
- Welche realistischen, einfach umzusetzenden Vereinbarungen wurden getroffen?
- Bis wann sollen die Gesprächsergebnisse umgesetzt sein?
- Ist dieser Zeitplan einzuhalten? Wenn nicht, was ist zu tun?
- Wer überprüft das Einhalten/Umsetzen des Gesprächsergebnisses?
- Wurde ein Check-up-Termin vereinbart (gegebenenfalls auch telefonisch), wenn ja wann, wo, wie? Wer ist zuständig für diesen Check-up-Termin?
- Sind Zwischenkontrollen/- berichte notwendig?
- Was müssen Sie in Bezug auf das Gesprächsergebnis noch veranlassen?
- Was ist zu erledigen?

TIPP Schreiben Sie für sich ein Kurzprotokoll über jedes Gespräch, das Sie führen! Legen Sie einen Ordner an, in dem Sie Protokolle, die Unterlagen der Vorbereitung und weitere Notizen aufbewahren.

Im privaten Bereich dürfen Sie durchaus ein Kurzprotokoll von allen Beteiligten unterschreiben lassen – das erhöht die Gewichtigkeit und den Umsetzungsdruck. Ich denke an Gespräche, in denen es um die Absprache und Verteilung der Hausarbeit in der Familie geht. Das sind oft die langwierigsten Gespräche mit dem geringsten Wirkungsgrad in der Praxis. Kinder können dazu angehalten werden, ein Kurzprotokoll mit Zeichnungen oder aus Zeitungen ausgeschnittenen Bildern zu ergänzen. Das ermuntert sie, die im Protokoll festgehaltenen Absprachen einzuhalten. Seien Sie mit Kindern kreativ.

Ihre Schatzgrube

Sie werden bald merken, dass sich eine professionelle Vorgehensweise Vorbereitung mit Zielsetzung schriftlich und Nachbereitung schriftlich, kombiniert mit einem Kurzprotokoll als eine wahre Schatzgrube für Ihre Gespräche erweist und sich somit auf Ihr Zusammenleben und Zusammenarbeiten mit anderen Menschen positiv auswirkt.

Sie gehen entspannter, aber auch konzentrierter in Gespräche und werden lernen, sich intensiver und wertschätzender auf Ihre Gesprächspartner und deren Bedürfnisse und Interessen einzulassen. Weil Sie keine Befürchtungen haben müssen, dass Ihre eigenen Bedürfnisse und Interessen untergehen.

Aktives Zuhören –
richtiges Verstehen

„Reden ist ein Bedürfnis – zuhören eine Kunst."

Johann Wolfgang von Goethe

Mit dem Zuhören ist das so eine Sache. Wenn wir etwas sagen, erwarten wir, dass der andere richtig zuhört. Wenn wir zuhören, dann bemerken wir oft, dass wir gedanklich abschweifen. Uns fehlt häufig die Geduld, um zuzuhören. Wir meinen, keine Zeit zu haben, oder es interessiert uns einfach nicht, was der andere uns erzählt. Das ist ganz besonders dann der Fall, wenn der Gesprächspartner eine andere Meinung vertritt oder eine andere Einstellung zu einem umstrittenen Thema hat als wir selbst.

Im Alltag kommen Reizüberflutung und Zeitdruck dazu, was uns veranlasst, in einem Gespräch nicht aufmerksam genug und nicht mehr mit der notwendigen Wertschätzung zuzuhören. Was bewirkt dabei unser Verhalten bei anderen? Was löst es bei einem anderen Menschen aus, wenn dieser bemerkt, dass wir gedanklich abschweifen und seinen Äußerungen keine Aufmerksamkeit schenken? Wahrscheinlich das: Wenn wir nicht richtig zuhören, verunsichern oder verärgern wir andere Menschen und in einem Gespräch ganz konkret unseren Gesprächspartner, mit dem wir doch eigentlich eine zufriedenstellende Lösung suchen.

Mit aktivem Zuhören mehr erfahren

Es lohnt sich jedoch, sich mal selbst zurückzunehmen. Damit haben Sie die Möglichkeit, Ihrem Gesprächspartner genau zuzuhören und ihn seine Argumente, seine Sicht der Dinge, erklären zu lassen. Richtiges Zuhören ist entscheidend für ein gutes Gesprächsklima. Dieses entsteht, wenn Gesprächspartner aufeinander eingehen. Dazu gehört aktives Zuhören – sich füreinander zu interessieren; sich geduldig, mit dem nötigen Aufwand an Zeit und Wertschätzung, mit den Äußerungen und Argumenten des anderen zu beschäftigen. In der Schule lernen wir lesen, vortragen und reden, aber weniger das aktive Zuhören! Neben dem Reden-Können ist allerdings das Zuhören-Können eine Grundvoraussetzung, um sich selbst und die eigene Persönlichkeit weiterzuentwickeln mit dem Ergebnis, innere Stärke und ein souveränes Auftreten zu erhalten.

Sich gegenseitig in einem Gespräch zuzuhören, um herauszufinden, was der andere denkt oder fühlt, das ist der beste Weg, etwas über jemanden zu erfahren! Durch Ihr Zuhörverhalten zeigen Sie Interesse am Gesprächspartner und nehmen ihn ernst. Aktives Zuhören ist: Aufmerksamkeit und Wertschätzung dem Gesprächspartner gegenüber zeigen und leben. Es ist weniger eine Technik als eine Grundhaltung – eine innere, empathische, wertschätzende Haltung.

Selbstreflexion

Erinnern Sie sich an Gespräche, die Sie in letzter Zeit geführt haben. Wie war Ihr Zuhörverhalten? Kreuzen Sie an, was auf Sie zutrifft.

	Ja	Manchmal	Nein
1. Ich kenne die Antwort meines Gesprächspartners bereits.	O	O	O
2. Ich gebe Zuhörsignale.	O	O	O
3. Was die andere Person sagt, weiß ich sowieso besser.	O	O	O
4. Ich habe keine Lust, mir die (langweiligen) Argumente des anderen anzuhören.	O	O	O
5. Mir fällt es leicht, das Gesagte des anderen zusammenfassend zu wiederholen.	O	O	O

	Ja	Manchmal	Nein
6. Der Gesprächspartner ist mir unsympathisch und ich höre deshalb nicht zu.	O	O	O
7. Ich bin in Gedanken weit weg auf ein anderes Thema konzentriert.	O	O	O
8. Ich habe meine eigenen Probleme.	O	O	O
9. Ich bemühe mich, sofort in Gedanken eine Antwort zu formulieren.	O	O	O
10. Mich in Gesprächen auf das Zuhören zu konzentrieren, fällt mir grundsätzlich schwer.	O	O	O
11. Ich notiere mir während des Zuhörens Stichpunkte.	O	O	O
12. Ich hake bei einem Stichwort ein und rede selbst weiter.	O	O	O
13. Ich höre mich selbst gern reden.	O	O	O
14. Ich achte auf eine sachliche Gesprächsatmosphäre in schwierigen Gesprächen.	O	O	O
15. Ich überlege nach Gesprächen, wie ich weiter verfahre und was als Nächstes zu tun ist.	O	O	O

Wenn Sie ...

... das Thema Ihres Gesprächspartners für uninteressant halten,

... Ihrem Gesprächspartner gegenüber Aufmerksamkeit nur vortäuschen,

... bei schwierigen Gesprächsthemen einfach abschalten,

... bei emotionalen Wörtern und Sätzen Ihres Gesprächspartners Aggressionen und Widerstände spüren,

... sich in einem Gespräch leicht provozieren lassen,

... sich an der Sprech- oder Vortragsweise oder an bestimmten Eigenheiten des Gesprächspartners stören,

... sich bei Ausführungen des anderen leicht ablenken lassen,

... gedanklich leicht abschweifen und nicht mehr zuhören,

... dann ist es allerhöchste Zeit, nicht nur an Ihrem Zuhörstil, sondern ganz besonders an Ihrer wertschätzenden Aufmerksamkeit gegenüber der anderen Person zu arbeiten!

„Solange man selbst redet, erfährt man nichts."

Marie von Ebner-Eschenbach

Aktives Zuhören ist mehr als jemanden nur ausreden zu lassen

Richtig und wertschätzend Zuhören ist mehr, als jemanden nur ausreden zu lassen. Sie können jemandem eine lange Zeit zuhören, ihn höflichst ausreden lassen, nicht unterbrechen – und Sie haben dennoch nicht zugehört, geschweige denn verstanden oder begriffen, was der andere Ihnen vermitteln wollte. Meistens folgt diese Reaktion: „Ja, aber ...". Es gibt Menschen, die hören dem anderen nur zu, um darauf sofort mit ihrer eigenen Meinung zu antworten und zu kontern. Diesen Menschen geht es nicht darum, den anderen zu verstehen. Ihnen geht es um das Rüberbringen der eigenen Position, was in einem Gespräch zur Blockade und Erstarrung führt. In einem Gespräch ist das Aufnehmen, die Auseinandersetzung mit den Aussagen des Gesprächspartners genauso wichtig wie die Darstellung der eigenen Argumente.

Geben Sie dem anderen, was er braucht und was für Ihr Win-win-Gesprächs-ergebnis wichtig ist: Interesse und Verständnis für seine Positionen und seine Argumente durch Ihr aktives Zuhören.

Aktiv Zuhören können Sie, indem Sie in Ihren Worten wiedergeben, was Sie nicht nur sachlich, sondern auch emotional verstanden haben. Dies setzt bei Ihnen die Bereitschaft voraus, den anderen verstehen zu wollen! Nicht die Einstellung zu haben, die eigenen, schon vorhande-nen Vorurteile bestätigt zu bekommen, sondern mit der Einsicht in ein Gespräch zu gehen, dass sich Gesprächspartner häufig missverständlich verstehen und aneinander vorbeireden.

Zuhören ist also nicht gleich zuhören. Sie können passiv zuhören und damit möglicherweise den Gesprächspartner verunsichern, weil Sie ihm keine Rückmeldung geben, sondern schweigen. Beim passiven Zuhören schalten Sie innerlich ab oder Sie warten nur darauf, selbst zu Wort zu kommen. Sie befassen sich nicht mit den Inhalten des vom anderen Gesagten. Sie filtern nur heraus, was für Sie wichtig ist, und übergehen das, was dem anderen am Herzen liegt. Ihr Gesprächspartner bekommt möglicherweise das Gefühl, nicht zu wissen, woran er mit Ihnen ist und wie seine Argumente bei Ihnen ankommen. Er kann Sie möglicherweise als überheblichen Gesprächspartner wahrnehmen.

Schenken Sie Ihrem Gesprächspartner Ihre uneingeschränkte Aufmerksamkeit – hören Sie vom Anfang bis zum Schluss aktiv zu.

Die bessere Alternative ist: Sie können aktiv zuhören und zeigen, wie Sie zuhören, was Sie hören und dass Sie an den Anliegen des anderen interessiert sind. Sie schenken dem anderen Ihre Aufmerksamkeit und geben ihm das Gefühl und die Sicherheit, dass Sie ihn nicht nur gehört haben, sondern sein Anliegen, seine Probleme, seine Interessen verstanden – im Sinne von begriffen – haben. Beim aktiven Zuhören geht es um das Begreifen dessen, was der andere Ihnen sagt, das inhaltliche Verstehen. Es geht nicht alleine darum, etwas akustisch verstanden zu haben. Das erfordert von Ihnen eine empathische, wertschätzende Einstellung und innere Haltung. Ihre Motivation, auf den anderen thematisch, inhaltlich einzugehen, ist gefragt und nicht, aus dem Gespräch als Sieger hervorgehen zu wollen. Aktives Zuhören gehört zu den Schlüssel- und Kernkompetenzen in Gesprächen sowie auch im Führungsalltag.

Beobachten Sie mit dieser Checkliste in Ihrem Umfeld, wie und auf welche Art Menschen zuhören.

- Welche Signale werden von ihnen ausgesendet?
- Was macht einen guten Zuhörer, eine gute Zuhörerin aus?
- In welchen Gesprächssituationen hatten Sie das Gefühl, dass Ihnen nicht zugehört wurde, dass Ihr Gegenüber Ihre Argumentation nicht nachvollziehen konnte und nicht begriffen hat?
- Was muss passieren, dass Sie sich in einem Gespräch von Ihrem Gesprächspartner verstanden fühlen?
- Wer ist in Ihrem Umfeld der beste Zuhörer oder die beste Zuhörerin? Wie erleben Sie diese Person und wie beschreiben Sie deren Zuhörverhalten?
- Wer ist in Ihrem Umfeld der schlechteste Zuhörer oder die schlechteste Zuhörerin? Wie erleben Sie diese Person und wie beschreiben Sie deren Zuhörverhalten?

Gründe, die dazu führen, nicht richtig zuzuhören

Wir glauben, dass wir die Antwort bereits kennen und schon wissen, was der andere uns sagen will. Wenn wir mit den Inhalten, mit den Themen vertraut sind, über die wir mit anderen reden, meinen wir oft, dass wir nicht mehr zuhören müssen. Wir haben das Gefühl, die Argumente zu kennen, über den Sachverhalt informiert zu sein. Wir haben oftmals keine Lust, vorgeblich auch keine Zeit, uns die Argumente des anderen anzuhören, aktiv zuzuhören. Häufig sind wir in Gedanken sehr weit weg vom Gesprächspartner und Gesprächsinhalt, weil uns andere Themen beschäftigen, weil wir unsere eigenen Probleme haben, weil der nächste Termin im Nacken sitzt, weil wir vermeintlich Wichtigeres zu tun haben. Gibt uns unser Gesprächspartner ein Stichwort, fallen uns dazu sofort unsere eigenen Argumente ein, wir schweifen gedanklich ab, hören nicht mehr zu und wir bekommen das weitere Gesagte nicht mit. Möglicherweise fahren wir dem anderen bei einem Stichwort über den Mund und lassen ihn nicht ausreden. Wir lieben es, uns selbst reden zu hören. Sehr gerne lassen wir uns ablenken und hören nur passiv zu, wenn uns der Gesprächspartner unsympathisch ist.

Gerade bei wichtigen oder schwierigen Gesprächen hören wir häufig nicht richtig zu, weil unsere Gedanken bei unseren eigenen Argumenten sind, weil wir zu sehr emotional beteiligt, verärgert oder betroffen sind. Sind Gespräche anstrengend, sinkt unsere Bereitschaft zuzuhören weiter ab, da wir unbedingt und möglichst schnell unsere eigenen Argumente an den Mann oder an die Frau bringen möchten.

Ob Sie privat oder beruflich Gespräche führen: Gefährlich für eine gute Verständigung ist es, wenn Sie denken, Sie wüssten, was der andere meint, weil Sie sich schon lange kennen! Oder weil Sie über den Sachverhalt gut Bescheid wissen. Das ist übrigens auch eine häufige Ursache für Konflikte. Zu glauben, man wisse, was der andere meint! Oder man denkt, dasselbe zu denken wie der andere. Denkste!

TIPP

Empathisches und echtes Verstehen

Aktives Zuhören heißt, dass Sie sich durch Ihr aktives Verhalten vergewissern, ob das, was Sie verstanden haben, dem nahe kommt, was Ihr Gesprächspartner gemeint hat. Methoden des aktiven Zuhörens sind Verständnisfragen und das Wiederholen dessen, was bei Ihnen an Inhalt angekommen ist. Nachfragen, ob Sie das vom anderen Gesagte wirklich begriffen haben. Damit das gelingt, fassen Sie den Hauptgedanken Ihres Gesprächspartners zusammen und wiederholen diesen mit den Kernpunkten in Ihren eigenen Worten.

Beispiele:

„Habe ich Sie richtig verstanden, dass ... "
„Verstehe ich Sie richtig, dass ... "
„Sie meinen also, ... "
„Sie möchten, dass ich das oder das tue, dass ich dieses oder jenes veranlasse ... "

Wenn Sie in eigenen Worten zusammenfassen, was Sie verstanden haben, stellen Sie damit das gegenseitige Verstehen sicher. Hinzu kommt, dass Sie mit Zusammenfassungen das Gespräch verlangsamen und in ein strukturiertes Vorgehen bringen. Fassen Sie sich dabei kurz und präzise, bringen Sie das Gesagte auf den Punkt. Vermeiden Sie langatmige Zusammenfassungen, verfallen Sie nicht ins Schwafeln. Notieren Sie die vorgetragenen Punkte Ihres Gesprächspartners, dröseln Sie die Aussagen und Interessen in detaillierte Punkte auf, halten Sie diese auf einem Flipchart schriftlich fest. Nochmals: Gehen Sie langsam, geduldig und strukturiert vor. Schauen Sie sich zum Sammeln von Interessen Kapitel 5, „Interessen herausfinden", an.

Dazu gehört genauso, dass Sie versuchen, die Emotionen des anderen einzufangen. Nicht nur den Sachinhalt zusammenzufassen, sondern auch die Emotionen des anderen in Worte zu fassen, zu verbalisieren.

Bis Sie Routine im Zusammenfassen haben, dienen Ihnen die im Beispiel auf-
geführten Satzanfänge als Brücke. Schreiben Sie diese oder ähnliche Sätze auf
einen Spickzettel und nutzen Sie diesen beim Telefonieren – Telefongespräche
bieten hervorragende Übungsmöglichkeiten. Legen Sie sich den Spickzettel
mit den für Sie wichtigsten Verständnisfragen vor sich hin. Dann können Sie
im Telefongespräch, unbemerkt von Ihrem Telefonpartner, von Ihrem Spickzettel abschauen.

Tipps und Anregungen aus diesem Buch können Sie generell am Telefon üben. Es fällt Ihnen dadurch in persönlichen Gesprächen leichter,
die bereits am Telefon geübten Fragen und Techniken einzubringen.
Selbstverständlich ist auch hier wichtig, dass Sie Ihren eigenen Sprachstil finden. Abgelesenes wirkt gestelzt. Aber für den Anfang, bis Sie mit
einer gelassenen Gesprächsführung in der Praxis Routine haben, dürfen
Sie getrost auf Vorgefertigtes zurückgreifen. Mit der Zeit werden Ihnen
die Sätze in Ihren eigenen Worten locker von den Lippen kommen. In
meinen Coachings und Seminaren üben die Teilnehmenden unterschiedliche Redewendungen, bis wir zusammen eine sprachliche Formulierung
gefunden haben, die für die jeweilige Person stimmig ist und passt.

Weshalb es sich lohnt, dass wir richtig, dass wir aktiv zuhören

Aktives Zuhören lohnt sich,
- um Missverständnisse zu vermeiden,
- um Informationen zu erhalten, um Hintergründe kennenzulernen,
- um die Sichtweise, die Erwartungen und die Zielsetzungen des
  Gesprächspartners zu erfahren und
- um ihm Wertschätzung und Interesse zu zeigen.

Wir signalisieren unserem Gesprächspartner damit, dass wir ihn ernst nehmen. Spannungen und Problemsituationen in einem Gespräch werden abgebaut. Durch aktives Zuhören erhalten Sie Hinweise und Anregungen für Ihre eigene Argumentation und Sie können sich besser darauf einstellen.

Nur wer aktiv zuhört, kann auch richtig reagieren! Jemanden nur ausreden zu lassen, bedeutet noch lange nicht, zugehört zu haben!

Passives, stillschweigendes sowie unbewegtes Zuhören sendet dem anderen keine Rückmeldung, macht ihn unsicher oder verärgert ihn. Erinnern Sie sich an eine Gesprächssituation, bei der Ihnen nicht zugehört wurde? Wie fühlte sich das an? Wahrscheinlich nicht besonders gut!

... aber ...

Ein kleines Aber habe ich für Sie. Vereinzelte Teilnehmerinnen und Teilnehmer in meinen Seminaren fragen mich: „Das mit dem Zuhören ist ja schön und gut, aber was mache ich, wenn mein Gesprächspartner überhaupt nicht aufhört zu reden? Ich komme dann nicht zu Wort, habe wirklich keine Zeit mehr und kann den anderen in seinem Redeschwall nicht mehr stoppen."

Wie Sie Vielredner stoppen

Überprüfen Sie sich, ob Sie zu intensiv Zuhör-Signale senden. Sie ermuntern dadurch andere immer wieder zum Weiterreden. Wenn das so sein sollte, haben Sie die wunderbare Eigenschaft, der anderen Person zu zeigen, dass Sie ihr sehr viel Aufmerksamkeit schenken. Dann gilt es, sich selbst zu schützen: Nehmen Sie sich mit dem Senden von Zuhör-Signalen ein wenig zurück.

Versuchen Sie, wenn der andere beim Luftholen im Redefluss pausieren muss, ins Thema und in das Gespräch einzusteigen. Dabei hilft, den Gesprächspartner mit dem Namen anzureden und im Thema einzuhaken. „Frau/Herr X, meine Meinung dazu ist" oder „Frau/Herr X, ich sehe das so ...". Sollten Sie wirklich unter Zeitdruck stehen, sollten Sie dies freundlich ansprechen und das Gespräch zu einem anderen Zeitpunkt fortsetzen.

Sie können ein Gespräch beenden, indem Sie den bisherigen Inhalt zusammenfassen und Fragen stellen wie zum Beispiel: „Ist das für Sie in Ordnung, wenn wir so verbleiben ..., wenn wir Folgendes vereinbaren ..., wenn wir dies oder jenes noch klären ...". Planen Sie allerdings ein, dass Ihr Gesprächspartner zwei Möglichkeiten zur Antwort hat: Ja oder Nein. Wenn der andere Ihre Frage verneint, ist er noch nicht zufrieden und Sie können das Gespräch nicht beenden. Es gibt dann gegebenenfalls noch offene Punkte.

Das Gehörte mit eigenen Worten wiederholen

Mit dieser Zwei-Fragen-Checkliste können Sie sich selbst überprüfen:
- Was hat der andere gesagt?
- Was habe ich verstanden?

Mit Verständnisfragen und Zusammenfassungen bestätigen Sie Ihrem Gesprächspartner, dass Sie den von ihm geschilderten Sachverhalt verstanden und aufgenommen haben. Positiv wirkt sich noch aus, wenn Sie die Gefühlslage Ihres Gesprächspartners zusätzlich zu dem vorgebrachten Sachinhalt erspüren können und Ihr Verständnis dafür signalisieren.

Wohlgemerkt: Das bedeutet nicht unbedingt, dass Sie damit einverstanden sind. Es geht um das Verstehen, nicht um das einverstanden Sein!

Allerdings dürfen Verständnisfragen und Zusammenfassungen – genauso wie andere Techniken und Tipps – nicht penetrant eingesetzt werden. Wenn Sie bei jedem zweiten oder dritten Satz Ihres Gesprächspartners eine Verständnisfrage anbringen, weil Sie es in diesem Buch gelernt haben, können Sie den anderen durchaus nerven.

Auch in der normalen, alltäglichen Situation einer Unterhaltung würde eine permanente, vielleicht sogar aufdringliche Anwendung der Kommunikationsregeln aus diesem Buch in ihrer Wirkung verpuffen. Ausschlaggebend ist für Sie, diese zu beherrschen und gezielt einzusetzen, wenn es darauf ankommt!

Fragetechniken und Frageformen, mit denen Sie Interesse für Ihren Gesprächspartner zeigen und mit denen Sie Informationen und Hintergründe erfahren, lernen Sie in Kapitel 6.

KOMPAKT Kommentieren Sie durch Aufmerksamkeitssignale wie zum Beispiel Kopfnicken, Blickkontakt, mit „mmh", „soso", „ja" die Aussagen des Gesprächspartners und seien Sie offen für seine Argumente. Konzentrieren Sie sich auf den Inhalt der Äußerungen des anderen, von Anfang bis Ende. Formulieren Sie nicht gleich nach dem ersten Satz in Gedanken eine Antwort, das lässt Sie unaufmerksam werden. Wiederholen Sie die Kernaussagen mit Verständnisfragen und vermeiden Sie eigene Interpretationen. Seien Sie vor allem geduldig, auch wenn es manchmal schwerfällt!

Wertschätzung und Gefühle herausspüren

Bevor ich intensiver auf die Beziehungsebene beim Zuhören eingehe, versuche ich, Ihnen in wirklich kurzer Form zum besseren Verständnis die Begriffe Beziehung, Beziehungsebene, Gefühle, Emotionen und Empathie zu erläutern.

Beziehung ist der Bezug zueinander in einem bestimmten Bezugssystem, also zwischen Menschen mit einer bestimmten Absicht oder Zugehörigkeit. Beispielsweise eine Kundenbeziehung, Liebesbeziehung, Geschäftsbeziehung, soziale Beziehung, Lieferantenbeziehung.

Beziehungsebene: Die intuitive Qualität und eine gefühlsmäßige Verbundenheit in der zwischenmenschlichen Zusammenarbeit außerhalb der Inhalts- oder Sachebene. Die Beziehungsebene hat einen wesentlich größeren Einfluss auf unsere Kommunikation, sie wirkt allerdings eher im Verborgenen.

Gefühle/Emotionen sind unsere momentanen subjektiven Empfindungen, die als Folge von Gedanken auftreten und sich auch in einer Änderung unseres Verhaltens auswirken können. Gefühle können angenehm oder unangenehm sein. Grundgefühle sind Freude, Wut, Ärger, Angst, Trauer. Emotional zu sein bedeutet, dass sich etwas in mir bewegt, Gefühle erzeugt werden, ich auf etwas reagiere. In Wissenschaft und Psychologie werden Gefühle und Emotionen häufig unterschiedlich interpretiert.

Empathie: Ist die Fähigkeit, die Gedanken, Emotionen, Absichten und Persönlichkeitsmerkmale einer anderen Person zu erkennen, sich darin einzufühlen oder diesen nachzuspüren, und unsere Reaktion auf die Gefühle anderer.

Achten Sie auf die Beziehungsebene

Störungen auf der Beziehungsebene zu klären bedeutet, die Gefühle des Gesprächspartners zu spüren, einfühlsam zu sein (empathisch) und die Gefühle angemessen zu spiegeln – in eigene Worte zu fassen. Das hilft in Gesprächen, gefühlsmäßige und sachliche Zusammenhänge zu entwirren und die Missverständnisse auf der Beziehungsebene zu klären. So können Störungen möglicherweise auf der Ebene beigelegt werden, auf der die Gespräche offensichtlich ins Stocken geraten sind oder fast scheiterten (auf der Ebene der zwischenmenschlichen Beziehung). Deshalb zieht sich das Beschäftigen mit der Beziehungsebene wie ein roter Faden durch alle Kapitel dieses Buches.

Beachten Sie nicht nur die gesprochenen Worte Ihres Gesprächspartners. Notieren Sie sich, was Sie sehen, was Sie spüren, wie Sie Ihren Gesprächspartner erleben. Beobachten Sie sich selbst dabei, was Sie vom anderen hören und spüren und was das bei Ihnen auslöst. Gibt es einen Widerspruch? Was ist für Sie möglicherweise nicht stimmig, sondern ambivalent? Sagt Ihr Gesprächspartner, es sei alles in Ordnung, obwohl Sie das Gefühl haben, hier stimmt doch etwas nicht? Sie spüren, irgendwie passt dem anderen etwas nicht, Sie können allerdings nicht sagen, was.

Fragen Sie Ihren Gesprächspartner, sprechen Sie ihn darauf an, was für ihn nicht in Ordnung ist. Nutzen Sie die Chance, die eventuell kritische Situation zu klären. Sollte das Gespräch scheitern oder Ihr Gesprächspartner danach verschnupft sein, können Sie die Situation nicht mehr klären. Dann ist das Kind schon in den Brunnen gefallen.

Mir ist bewusst, dass das sehr viel ist, auf das Sie achten sollen, während Sie nebenbei noch Ihr Gesprächsziel im Auge behalten müssen. Ich bin mir jedoch sicher: Wenn Sie die Anregungen aus diesem Buch Schritt für Schritt angehen und üben, nicht nur in Gesprächen, sondern auch im Alltag sowie in Ihren Telefongesprächen, werden Sie routiniert und demzufolge ein sehr gutes Gefühl für das Erspüren und Gelingen einer ausgeglichenen Beziehungsebene zwischen Ihnen und Ihrem Gesprächspartner bekommen.

Das Ansprechen von Gefühlen signalisiert dem Partner Verständnis und Empathie und klärt die Beziehungsebene. Diese Vorgehensweise kann eine Eskalation verhindern, weil Gefühle gerne versteckt oder unterdrückt werden. Sie ermuntern Ihren Gesprächspartner damit, sich konkreter zu äußern. Vor allem zeigen Sie ihm Sympathie und empathisches Verständnis, was zu einem offenen und wertschätzenden Gesprächsklima führt.

TIPP

Schauen Sie sich im Fernsehen Talksendungen an und beobachten Sie, welchem Talkmaster es gelingt und vor allem wie er es schafft, auf die Emotionen seines Gesprächspartners einzugehen. Notieren Sie positive Beispiele für Ihre Inspiration.

Beispiele für Fragen oder Bemerkungen nach den Emotionen Ihres Gesprächspartners:

„Wenn ich Sie richtig verstehe, sind Sie verärgert/besorgt/enttäuscht darüber, dass …?

„Ich höre, Sie sind verärgert/besorgt/enttäuscht dass, …?"

„Ich merke, dass Sie diese Situation belastet, dieses Argument verärgert …"

„Das merke ich Ihnen an, dass Sie darüber nicht reden möchten …"

„Ist es für Sie wichtig, dass wir darüber … eingehender reden?"

„Ich verstehe dich, dass du darüber verärgert bist."

„Ich höre aus Ihrem Gesagten Unmut heraus, ist das so?"

„Sie freuen sich darüber?"

„Ich sehe, Sie sind zurückhaltend, was genau ist für Sie nicht in Ordnung?"

„Ich spüre eine Unruhe bei Ihnen, was kann ich für Sie tun?"

„Sie sind enttäuscht."

„Ich verstehe dich/Sie gut. Das kann ich nachfühlen."

„Ich merke, du bist aufgebracht."

Achten Sie in Ihren Äußerungen und denen Ihrer Gesprächspartner nicht nur auf die sachlichen Aussagen. Achten Sie auf die emotionalen Anteile, die darin stecken. Das wird beispielsweise an Tonfall, Gesichtsausdruck, Körpersprache, zunehmender Unruhe, Nervosität oder am Vermeiden von Blickkontakt deutlich.

In Kapitel 4 erfahren Sie, wie Sie Ihre eigenen Gefühle mit Ich-Botschaften ansprechen und nicht mehr unterdrücken müssen.

„Wer länger zuhört, kann kürzer und besser antworten."

Ernst Ferstl, österreichischer Schriftsteller

Erfolgreich mit aktivem Zuhören

Aktives Zuhören hilft mir, Interessantes und für mich Wichtiges in dem Gespräch herauszufinden. Was genau tue ich dafür? Wie gehe ich vor? Ich bereite Fragen vor, ich überlege vor dem Gespräch, welche Inhalte, was ich über das Gesprächsthema von meinem Gesprächspartner wissen möchte oder wissen sollte. Ich überprüfe durch Verständnisfragen und zusammenfassende Wiederholungen, ob ich das vom anderen Gesagte wirklich verstanden habe.

Aktives Zuhören hilft mir, mich auf den Gesprächspartner zu konzentrieren und dies durch meine Körperhaltung auszudrücken. Was genau tue ich dafür? Wie verhalte ich mich konkret? Ich halte Blickkontakt, gebe Zuhörsignale, nicke mit dem Kopf, gebe knappe verbale Signale, beispielsweise „mh, mh", „ich verstehe", „so, so". Mit dem Körper und meiner ganzen Haltung wende ich mich der anderen Person zu.

Aktives Zuhören hilft mir, Ablenkungen zu widerstehen. Welche Ablenkungen möchte ich vermeiden? Wie soll das geschehen? Ablenkungen kann ich vermeiden und meine Konzentration auf das Gespräch lenken, wenn ich mich intensiv vorbereite. Mich vor dem Gespräch auf die Inhalte sowie mental auf den Gesprächspartner als Menschen einstelle. Indem ich aktiv zuhöre, will ich dem anderen meine Wertschätzung ausdrücken. Das bedeutet, dass derjenige für mich der wichtigste Mensch zu diesem Zeitpunkt ist. Sollte ich aufgrund anderer gedanklicher Schwerpunkte im Moment nicht in der Lage sein, mich auf meinen Gesprächspartner oder die inhaltlichen Themen zu konzentrieren, versuche ich, das Gespräch auf einen anderen Termin zu verlegen.

Aktives Zuhören hilft mir zu verstehen. Was aber nicht bedeutet, das Gesagte gutzuheißen und damit einverstanden zu sein. Was konkret ist dabei zu beachten? Wie gehe ich vor? Ich wiederhole das Gesagte mit meinen eigenen Worten, so wie ich es verstanden habe. Ich vermittle dem anderen, was ich verstanden habe und dass ich seine Argumente, seine Aussagen aus seiner Sicht nachvollziehen kann. Ich kann jedoch eine andere Meinung oder eine andere Haltung dazu haben und versuchen, dem Gesprächspartner mit einem Vorschlag, einer Idee, einem Angebot für eine Einigung entgegenzukommen.

Aktives Zuhören hilft mir, die Gefühle des Gesprächspartners zu erkennen und anzusprechen. Wie komme ich auf die Gefühle und Emotionen des anderen zu sprechen? Was konkret sage ich dazu? Sage ich überhaupt etwas zu den Gefühlen des Gesprächspartners? Wenn Sie richtig hinhören und die Stimmungen und Emotionen Ihres Gesprächspartners erkennen, müssen Sie natürlich situativ entscheiden, ob sich das Ansprechen eher positiv oder eher negativ auf den Verhandlungspartner und die Situation auswirkt. Generell gilt: Ein Ansprechen der Gefühle des anderen würdigt diese und zeigt Wertschätzung und Empathie Ihrerseits.

Gehen Sie auf die Antworten des anderen ein, versuchen Sie, seiner Verärgerung auf den Grund zu gehen und diese aufzulösen. Aufzulösen, indem Sie ihm Angebote unterbreiten, ihm entgegenkommen und seine Interessen hinterfragen und verstehen.

Beispiele:

„Ich spüre, Sie sind verärgert darüber, ...“

„Ich höre, Ihnen gefällt dieses Angebot überhaupt nicht.“

„Was macht Sie so wütend, so ärgerlich?“

Durch aktives Zuhören erfahren Sie mehr vom Gesprächspartner als durch bohrende Fragen oder gar durch Vorwürfe und Angriffe. Machen Sie mal den Test: Reduzieren Sie in einem Gespräch Ihren Redeanteil auf 20 Prozent, setzen Sie die Methoden des aktiven Zuhörens ein und Sie werden sehen beziehungsweise hören: Sie erfahren dadurch 80 Prozent der Informationen, der Stimmung und der Bedürfnisse Ihres Gesprächspartners. Sie haben nur einen Mund, aber zwei Ohren!

KOMPAKT

Mit aktivem Zuhören fühlen und denken Sie sich in die Situation des anderen hinein, um ihn zu verstehen. Jemanden zu verstehen oder seine Aussagen zu begreifen heißt nicht, mit dem Gesagten inhaltlich übereinzustimmen, sondern lediglich seine Meinung zu akzeptieren. Sie vermeiden Missverständnisse, wenn Sie nachfragen, was der andere konkret meint oder wie er sich fühlt. Gehen Sie davon aus, dass Sie beide unterschiedliche Erfahrungen, unterschiedliche Kenntnisse sowie unterschiedliche Denkweisen und Gefühle haben.

Ich statt *du* oder *man*

„Die Sprache ist die Wirklichkeit der Gedanken."

Karl Marx

Gut zu kommunizieren heißt, direkt und unmissverständlich zu sagen, was ich meine und was ich möchte. Denken Sie daran: Bei allem, was unausgesprochen bleibt, was Sie nicht aussprechen, müssen Sie mit Missverständnissen rechnen.

Konkret bedeutet dies, dass Sie mit Ich-Botschaften dem Gesprächspartner durch Ihre klare und eindeutige Botschaft das Verstehen erleichtern. Wie verhalten Sie sich in Gesprächen oder Verhandlungen? Senden Sie deutliche Botschaften? Sind Sie für andere Menschen klar in Ihren Äußerungen?

Eine Ich-Botschaft ist ein methodisches Handwerkszeug in Gesprächen, um sich unmissverständlich und empathisch auszutauschen, ferner um Konflikte zu vermeiden und um dem anderen eigene Gefühle sachlich mitzuteilen. So muss niemand seinen Ärger runterschlucken – keinem platzt der Kragen. Gut zu kommunizieren heißt auch, nicht beleidigt zu sein, wenn Gesprächspartner anderer Meinung sind.

Wenn Gesprächspartner sich gegenseitig nicht austauschen, wie sie in einem Gespräch emotional drauf sind, können Gespräche eskalieren. Das gilt ganz besonders, wenn bestimmte Inhalte die Gesprächspartner gefühlsmäßig negativ berühren.

Gleichgültig, ob die Gespräche beruflich oder privat sind: Dem anderen nicht zu vermitteln, wie seine Aussagen auf Ihre eigenen Gefühle wirken und welche Bedürfnisse Sie haben, kann Gespräche in Konflikte – sogar noch Tage danach – treiben.

Was ist eine Ich-Botschaft?

Nicht jeder Satz, nicht jede Aussage, die mit Ich beginnt, ist eine Ich-Botschaft! Aussagen wie zum Beispiel: „Ich finde, du verhältst dich unmöglich", „Ich fühle mich falsch verstanden", „Ich finde, Sie sind stur" sind in Wirklichkeit Du-/Sie-Botschaften oder Pseudo-Ich-Botschaften. Sie deuten mit dem Zeigefinger auf die andere Person!

Eine Ich-Botschaft senden Sie, wenn Sie mit Ihrer Aussage, mit Ihrem Inhalt, mit Ihrem Zeigefinger auf sich selbst zeigen. Nämlich genau dann, wenn Sie mit Ihrer Ich-Botschaft dem Gesprächspartner Ihre eigenen Gefühle und Empfindungen mitteilen. Das setzt voraus, dass Sie Ihre Gefühle und Empfindungen kennen, spüren und die Bereitschaft haben, diese mitzuteilen.

TIPP

Vermeiden Sie Formulierungen mit man, diese beziehen andere Personen ungefragt mit ein und bauen Blockaden auf. Sie selbst bauen um sich herum auf diese Weise eine Betonmauer aus Allgemeinplätzen.

Beispiele, wie Sie Du-/Sie-Botschaften besser formulieren:

Du-/Sie-Botschaft	Wertschätzende Kommunikation
„Du solltest mal …"	„Ich bitte dich …", „ich wünsche mir …"
„Ich fühle mich ungerecht behandelt …"	Zeigt auf den anderen = Du hast mich ungerecht behandelt. Besser: Schildern Sie Ihr Gefühl in einer Ich-Botschaft – „Ich bin traurig, sauer, verärgert …"
„Warum tust du nicht …"	Besser: Bitte äußern, was Sie möchten. „Ich bitte dich um …"
„Ich finde, Sie sind unkonzentriert …"	Zeigt auf den anderen = Sie hören mir nicht zu, Sie sind unaufmerksam. Besser: Schildern Sie Ihr Gefühl in einer Ich-Botschaft – „Ich bin gestresst, aufgeregt, verärgert, unsicher, hilflos, enttäuscht …" oder „Ich versuche, mich anders auszudrücken …"
„Sie haben mich falsch verstanden …"	Besser: „Ich habe mich wohl missverständlich ausgedrückt."
„Ihr Verhalten ist nicht kooperativ …"	Besser: „Ich bitte Sie um …"
„Immer kommst du zu spät …"	Besser: Schildern Sie Ihr Gefühl in einer Ich-Botschaft – „Ich bin wütend, verärgert, sauer" – und sagen Sie zusätzlich dem anderen, wann und wie oft er zu spät kam (anstelle des ‚immer').
„Ich fühle mich bedroht …"	Das ist ein Angriff auf den anderen „du hast mich bedroht.". Besser: Schildern Sie Ihr Gefühl in einer Ich-Botschaft. Welches Gefühl haben Sie? „Ich habe Angst, ich bin unsicher …"
„Ich bin beleidigt …"	Meint „Du hast mich beleidigt". Besser: Schildern Sie Ihr Gefühl in einer Ich-Botschaft. Wie ist Ihr Gefühl, was hat das Gesagte bei Ihnen ausgelöst? „Ich bin betroffen, nervös, empört …"

Beispiele für klare Ich-Botschaften:

„Ich bin unsicher."

„Ich bin hilflos."

„Ich bin enttäuscht."

„Ich bin froh."

„Ich bin verärgert."

„Ich bin traurig."

„Ich freue mich."

„Ich bin (sehr) nervös."

„Ich bitte dich … /Ich wünsche mir …"

Welchen Nutzen haben Sie davon?

Wozu verhelfen Ihnen Ich-Botschaften in beruflichen und privaten Gesprächen? Eine Ich-Botschaft ist eine kooperative Gesprächstechnik und fördert ein tieferes gegenseitiges Verständnis. Sie hilft Ihnen, in Gesprächen Barrikaden zu überwinden. Basierend auf einer wertschätzenden inneren Haltung unterstützt Sie eine Ich-Botschaft dabei, Gefühle, Interessen, Bedürfnisse und Wünsche in einem Gespräch herauszufiltern und zum Kern, zum Wesentlichen zu gelangen.

Mit einer Ich-Botschaft schildern Sie Ihrem Gesprächspartner, wie es Ihnen geht, Sie vermitteln Ihre eigene Wahrnehmung und transportieren Ihre Gefühle oder Ihr Empfinden ohne Schuldzuweisung. Sie geben dem anderen eine ehrliche Aussage über die eigenen Bedürfnisse, Wünsche, Meinungen und Ihre Ziele. Sie übernehmen Verantwortung für Ihre eigenen Gefühle, Empfindungen und Äußerungen, indem Sie diese dem anderen mitteilen.

Ein konkretes Beispiel:

Du-/Sie-Botschaft: „Ich fühle mich provoziert (falsch verstanden, unter-drückt, betrogen usw.).“

Ich-Botschaft: „Ich bin sauer (verärgert, wütend, betroffen).“

Ich-Botschaften geben Ihrem Gesprächspartner die Chance einzulenken und ermutigen ihn, gemeinsam mit Ihnen eine Lösung zu finden. Sie wecken bei Ihrem Gesprächspartner die Bereitschaft zur Klärung, ohne dass Sie ihn mit einer Du-/Sie-Botschaft und dadurch mit Vorwürfen zum Widerspruch provozieren.

Genau das erzeugen Du-/Sie-Botschaften: Widerspruch, Widerwillen, Schuldgefühle, Verletzungen. Die Beziehung wird im Gespräch gestört und ein gutes, zufriedenstellendes Gesprächsergebnis ist für beide Seiten kaum mehr möglich.

Du-/Sie-Botschaften sind abschätzende, abwertende Äußerungen, Pauschalurteile über den anderen; es sind Vorwürfe, Drohungen, Beschuldigungen oder Befehle. Sie erzeugen bei der angesprochenen Person schlechte Gefühle und wecken Emotionen. Sie drängen den anderen damit in die Defensive und provozieren eine Konfliktsituation.

Du-/Sie-Botschaften enthalten sehr oft Generalisierungen, Verallgemeinerungen. Das sind Sätze, die beispielsweise die Wörter immer, alle, ständig, andauernd, wieder, nie enthalten. Generalisierungen reizen den anderen geradezu, zu widersprechen. Beobachten Sie sich selbst einmal, was der Gebrauch von Generalisierungen bei Ihnen auslöst!

Beispiele für eine konkrete, klare Botschaft:

Generalisierung	Die konkrete, klare Botschaft
„Ständig kommst du zu spät."	„Ich habe beobachtet, dass du heute Morgen später kamst. Was war denn los?" oder „In den letzten zwei Wochen kamen Sie drei Mal zu spät. Ich bitte Sie, pünktlich zu kommen."
„Immer vergisst du, den Müll in den Container mitzunehmen."	„Ich bin verärgert, du hast den Müll heute und letzte Woche nicht mitgenommen. Ich wünsche mir, dass du den Müll jede Woche in den Container wirfst."

Man-Sätze

Gehören Sie zu den Menschen, die sehr oft das Wörtchen man gebrauchen, wenn sie von sich selbst sprechen? Ich hake in meinen Seminaren oder Coachings immer nach, wenn eine Person von sich in der Man-Form erzählt.

Beispiele für häufig gebrauchte Man-Sätze und mit welchen Sätzen Sie diese ersetzen können:

Man-Satz	Meine Frage an die Betroffenen	Klartext in der Ich-Form
„Bei uns in der Firma hat man so viel zu tun."	"Wen meinen Sie? Wer hat viel zu tun?"	„Ich habe in der Firma viel zu tun." Wenn Sie andere Personen meinen, benennen Sie diese.
„Man weiß nicht, was von einem erwartet wird."	„Wer weiß nicht, was von ihm erwartet wird?"	„Ich weiß nicht, was von mir erwartet wird." Wissen das andere auch nicht oder nur Sie?

Man-Satz	Meine Frage an die Betroffenen	Klartext in der Ich-Form
„Man hat schlechte/ gute Erfahrungen mit ... gemacht."	„Wer hat schlechte Erfahrungen gemacht?"	„Ich habe schlechte/ gute Erfahrungen mit ... gemacht." Oder sagen Sie konkret, welche Person schlechte/gute Erfahrungen gemacht hat.
„Man sollte mal wieder das Kopierpapier auffüllen."	„Wer sollte das Kopierpapier nachlegen?"	„Ich bitte Sie, das Papierfach am Kopierer aufzufüllen." Sprechen Sie die Person konkret an, von der sie erwarten, dass Sie das Kopierpapier nachfüllen soll.
„Man sollte wieder mal den Müll in den Container tragen."	„Wer soll den Müll in den Container tragen?"	„Ich bitte dich, jeden Dienstag den Müll mit in den Container zu tragen." Sagen Sie konkret, wer, was, wann tun soll.

Aussagen und Äußerungen, die in der Man-Form ausgesprochen werden, schieben Verantwortlichkeiten und Konsequenzen auf andere. Sie wirken mehrdeutig, missverständlich und derjenige, der diese Formulierung verwendet, braucht sich nicht zu wundern, wenn seine Äußerungen bei den Gesprächspartnern nicht ankommen.

Teilen Sie Ihrem Gesprächspartner mit, wie es Ihnen geht, welche Gefühle
und Empfindungen Sie haben.

Gefühle schildern mit der Ich-Botschaft

Gefühle bilden die Grundlage einer Beziehung zu anderen Menschen.
Gefühle entscheiden häufig über die Art und Weise, wie ein Gespräch
verläuft und welches Ergebnis erreicht wird. Gefühle zu beschreiben
bedeutet, anderen zu sagen, wie es einem selbst geht, innen drin. Ein
Bedürfnis auszudrücken bedeutet, anderen zu sagen, was Sie brauchen,
was Sie wollen, das der andere für Sie tut, damit es Ihnen gefühlsmäßig
gut geht und Sie emotional, also nach außen, ausgeglichen sind.

Mit manchen von unseren Gefühlen kommen wir gut klar, wir können darüber sogar locker reden und sie äußern. Andere Gefühle dagegen drücken wir lieber nicht aus, da wir glauben, dass sie von den anderen, vor allem in einem kniffligen Gespräch, auf Ablehnung stoßen.

Mit einer eindeutigen Ich-Botschaft, wie ich sie in diesem Kapitel vorstelle, ist es möglich, Gefühle zu äußern, ohne dass diese zur verletzenden Kritik an der anderen Person werden.

Checkliste: Welche Gefühle hatten Sie bei Gesprächen, die Sie in letzter Zeit geführt haben? Reflektieren Sie Ihre Verhaltensweise:
- Wie haben Sie Ihre Gefühle mitgeteilt? Können Sie sich erinnern, was genau Sie gesagt haben?
- Was hat Sie gegebenenfalls daran gehindert, Ihre Gefühle mitzuteilen? Welche Befürchtungen hatten Sie?
- Im Nachhinein betrachtet: Welche Gefühle hätten Sie Ihrem Gesprächspartner mitteilen können und sollen?
- Mit welchen Worten, welcher Formulierung hätten Sie diese Gefühle mitteilen können? Wie geht es Ihnen, was passiert mit Ihnen, wenn Sie Ihre Gefühle in Gesprächen unterdrücken?

Was geschieht, wenn Gefühle nicht angesprochen werden?

Haben Sie schon mal versucht, Ihre eigene auftretende Wut (eine emotionale Reaktion) in einer Gesprächssituation nicht aufkommen zu lassen, weil Sie gelernt haben, Gefühle nicht zeigen zu dürfen? Wie ging es Ihnen dabei? Wahrscheinlich so wie vielen: Wenn man Ärger oder Wut unterdrücken möchte, gerade dann wühlt dieses Gefühl umso mehr in einem selbst – tief innen drin.

Je mehr wir unser Gefühl nicht sichtbar werden lassen wollen, je mehr wir genau dies unterdrücken wollen, umso mehr macht es unser Körper für andere sichtbar: Er reagiert emotional. Der Kopf wird rot, die Stimme wird laut und energisch oder wir sprechen schneller. Das Ergebnis: Wir haben genau das Gegenteil von dem erreicht, was wir wollten: Keine Gefühle zu zeigen.

Gefühle in einem Gespräch auszudrücken bedeutet nicht, dass das Gespräch emotional eskaliert oder laut und unsachlich werden muss. Gefühle auszudrücken bedeutet, die Gefühle zu kanalisieren, indem sie in Worte gefasst und dem Gesprächspartner mitgeteilt werden. Genau dieses Verhalten unterstützt Sie bei der Versachlichung des Gesprächs.

Sach- und Beziehungsebene trennen

In meinen Seminaren über Gesprächs- und Verhandlungsführung sowie Mediationskompetenzen lernen die Teilnehmenden das Harvard-Konzept kennen und anwenden. Das Harvard-Konzept, welches ich in Kapitel 5 ausführlicher beschreibe, enthält vier Grundgesetze. Eines davon ist, Sach- und Beziehungsebene zu trennen – Mensch und Inhalt beziehungsweise Problem auseinanderzuhalten. Der Inhalt oder das Problem muss unabhängig davon verhandelt werden, ob mir der Mensch sympathisch ist oder nicht.

Sachebene: Der Gesprächs- beziehungsweise Verhandlungsgegenstand

Beziehungsebene: Meine persönliche, gefühlsmäßige Beziehung oder Verbundenheit zum Gesprächspartner

Grundlage des Harvard-Konzeptes ist der Gedanke, dass alle Gesprächs- oder Verhandlungspartner Menschen sind, die von Gefühlen geleitet und mit ihren Werten tief verwurzelt sind. Ziel ist, eine für beide Seiten tragbare Lösung zu finden und die Interessen beider Gesprächspartner in einer Lösung zu berücksichtigen. Deshalb bedeutet das Trennen von Sach- und Beziehungsebene nicht, auf die Äußerung von Gefühlen zu verzichten. Sondern: Das eine schließt das andere nicht aus! Das wird leider oft verwechselt.

Viele Menschen meinen, Sach- und Beziehungsebene auseinanderzu- halten bedeute, in Gesprächen und Verhandlungen gefühlsneutral auf- zutreten, sich emotionslos zu verhalten. Im Gegenteil – Sach- und Beziehungsebene zu trennen und trotzdem im Gespräch oder in einer Verhandlung die eigenen Gefühle dem anderen mitzuteilen, zeugt von einer wertschätzenden Haltung der anderen Person gegenüber. Sie zei- gen Persönlichkeit.

Normalerweise finden die meisten Gespräche und Verhandlungen zwi- schen Menschen statt, die eine dauerhafte Beziehung zueinander ha- ben. Sie treffen die Personen, mit denen Sie Gespräche führen, in der Regel immer wieder, sodass es für Sie grundlegend wichtig ist, ein gutes Verhältnis zu Ihren Gesprächspartnern aufzubauen oder zu erhalten.

Gefühle zu schildern und nicht zu unterdrücken, trägt zur Versachli- chung und Gelassenheit in Gesprächen bei. Gefühle nicht zu schildern, sondern zu unterdrücken, kann dazu führen, dass Gefühle sich an an- derer Stelle im Gespräch oder in einer Aussprache negativ auswirken, sogar eskalieren können.

Oder es bleibt nach dem Gespräch ein fahler Beigeschmack, als Mensch nicht anerkannt und akzeptiert worden zu sein. Die Beziehungsebene war gestört. Wertschätzende Kompetenz in Gesprächen zeigt sich darin, den anderen als Person anzuerkennen und so anzunehmen, wie er ist. Auch wenn Ihnen die Person als Mensch überhaupt nicht liegt und unsympathisch ist. Hier beginnen herausfordernde und anstrengende Gesprächssituationen, in denen Sie zeigen können, was an sozialer Kompetenz in Ihnen steckt. Solange Sie Sympathie für Ihren Gesprächspartner empfinden, gelingt eine wertschätzende Kommunikation relativ einfach.

„Ich will nicht nur an euren Verstand appellieren. Ich will eure Herzen gewinnen."

Mahatma Gandhi

Gefühle konkret an- und aussprechen

Bedauerlicherweise sind wir in unserem Alltag eher gewohnt zu kritisieren und zu schimpfen als unsere Gefühle zu schildern.

Zwei Beispiele, wie Sie Gefühle schildern und auf den anderen wertschätzend eingehen:

Ungünstige Aussage	Besser
„Immer vergisst du, den Müll in den Container zu tragen."	„Ich bin verärgert und bitte dich, den Müll mitzunehmen. Wie kann ich dich unterstützen, dass du daran denkst?"
„Ständig kommst Du zu spät."	„Ich bin sauer und verärgert und bitte Dich, unsere vereinbarte Uhrzeit einzuhalten. Gibt es etwas, dass Dich an einem pünktlichen Erscheinen hindert? Ist Dir eine andere Tageszeit lieber?"

Sprechen Sie Ihre eigenen Gefühle aus und bauen Sie Ihrem Partner eine Brücke mit einer Frage nach seiner Situation. Das gibt ihm die Chance, seine Gefühle oder Bedürfnisse ebenfalls auszusprechen. So werden Sie eine ganz neue, wertvolle Ebene für Ihre Gespräche finden.

Sind Gefühle erst einmal benannt und hörbar geworden, kann der andere das Anliegen respektieren und ernst nehmen.

TIPP Das Ansprechen beziehungsweise Aussprechen der Gefühle hilft, die tiefer liegenden Gründe und Ursachen für Probleme und Missverständnisse klar herauszuarbeiten und emotionale Reaktionen zu respektieren. Gesprächspartner werden dabei unterstützt, auf den Kern des Problems zu kommen!

Wortschatz für Ihre Gefühle, wenn Sie sich gut fühlen oder wenn es Ihnen gut geht (Beispiele):

glücklich	gespannt	entspannt
stolz	ruhig	erleichtert
klar	zufrieden	erfrischt
begeistert	wach	gut drauf
gelassen	lustig	gut gelaunt
lebendig	neugierig	froh

Wortschatz für Ihre Gefühle, wenn Sie etwas nicht bekommen, wenn Ihre Bedürfnisse nicht erfüllt, Ihre Wünsche nicht berücksichtigt werden oder wenn Ihre Gefühle verletzt sind (Beispiele):

enttäuscht	verletzt	aufgeregt
bedrückt	hilflos	bedrückt
verärgert	nervös	verzweifelt
wütend	empört	traurig
sauer	erschöpft	unwohl
besorgt	gestresst	unsicher

Selbstverständlich gibt es Grenzen des Gefühlzeigens und Grenzen, welche Ihrer Gefühle Sie zeigen und wie tief Sie Ihre Gefühle offenlegen möchten. Das hängt davon ab, in welcher Gesprächssituation Sie sich befinden und mit welchen Gesprächspartnern Sie es zu tun haben.

Es kommt durchaus darauf an, mit wem, weshalb und mit welchem Ziel Sie ein Gespräch führen oder sogar führen müssen. Wie Sie zu Beginn eines Gesprächs vorgehen und Inhalte sowie Ziele abklären, haben Sie im Kapitel 1 gelernt.

Ihre situative Wahrnehmungsfähigkeit ist in allen Gesprächen gefragt. Es gilt, diese zu üben. Mit Ihrer situativen Wahrnehmungsfähigkeit können Sie erspüren, wie die Atmosphäre eines Gesprächs ist und wie Sie sich darauf einstellen. Vielleicht kennen Sie solche Situationen, in denen man gleich beim Betreten eines Raumes und bei der Begrüßung sich wohl- oder auch unwohlfühlt. Je besser Sie sich selbst kennen und Ihre Gesprächskompetenzen einschätzen können, je stärker Sie als Persönlichkeit wirken und auftreten, umso erfolgreicher und wertschätzender können Sie kommunizieren.

Interessen, Wünsche, Bedürfnisse erkennen

Zu einer Ich-Botschaft gehört nicht nur das Ausdrücken der eigenen Gefühle oder Empfindungen, sondern genauso, dem Gesprächspartner die eigenen Wünsche, Bedürfnisse, Interessen und Erwartungen mitzuteilen.

Kennen Sie Ihre eigenen Wünsche und Bedürfnisse?

Sie können Ihrem Gesprächspartner Ihre eigenen Bedürfnisse oder Wünsche nur mitteilen, wenn Sie diese selbst kennen. Vielen Menschen ist nicht bewusst, um was sie bitten wollen. Sie sind nicht in der Lage und haben innere Widerstände, das, was sie vom anderen möchten und erwarten, auch offen zu sagen. Manchen Menschen ist das sogar peinlich.

Die Gründe können sein: Angst vor Ablehnung, zu viel Rücksichtnahme auf den anderen, mangelndes Selbstwertgefühl, schlechte Erfahrungen oder sich selbst und die eigenen Bedürfnisse überhaupt nicht zu kennen und zu spüren.

Wenn Sie Ihrem Gesprächspartner Ihre Gefühle schildern, erfährt er allerdings noch nicht, was Sie von ihm möchten oder brauchen. Nur durch das Formulieren und Aussprechen Ihrer Gefühle weiß der andere noch nicht, was Sie wollen.

In unserem beruflichen und auch privaten Alltag ist es jedoch wichtig, dass Sie Ihrem Gesprächspartner sagen, was Sie möchten. Nur dann können Sie es auch bekommen! In den seltensten Fällen kann der andere Gedanken lesen, Sie müssen schon laut und deutlich sagen, was Sie vom anderen im Gespräch erwarten und worum Sie ihn bitten.

Formulieren Sie Ihre Wünsche in einer Bitte, stellen Sie keine Forderungen! Forderungen vergiften in Gesprächen im beruflichen Alltag, sowohl in Geschäftsbeziehungen als auch im kollegialen Umgang, das Miteinander und gehören in spezielle Verhandlungen, zum Beispiel in Tarifverhandlungen, in juristische Vertragsverhandlungen oder in das politische Leben. Das gilt selbstverständlich genauso für Ihr Privatleben.

Eine Bitte lässt dem anderen die Freiheit, diese Bitte gerne zu erfüllen und sie nicht abzulehnen. Es macht es ihm leichter, Ihnen entgegenzukommen.

Beispiel:
Achten Sie darauf, dass Sie sagen, was Sie möchten und nicht das sagen, was Sie nicht möchten!

Anstatt: „Ich bitte Sie, nicht mehr zu spät zu kommen!"
Besser: „Ich bitte Sie, pünktlich zu unserem vereinbarten Termin zu kommen!"

Anstatt: „Du hast nie Zeit, zu meiner Geburtstagsfeier zu kommen!"
Besser: „Ich wünsche mir, dass du dieses Jahr bei meiner Geburtstagsfeier dabei bist! Bitte nimm dir Zeit."

„Das Schwierige am Diskutieren ist nicht, den eigenen Standpunkt zu verteidigen, sondern ihn zu kennen."
André Maurois, französischer Schriftsteller

Eine eindeutige Ich-Botschaft in vier Schritten

In meinen Seminaren und Coachings erlebe ich andauernd, dass Teilnehmende, die diese vier Schritte der eindeutigen Ich-Botschaft in ihrer Kommunikation anwenden, erfolgreich sind. Erfolgreich sind darin, den anderen Menschen eindeutige Botschaften über Ihre Gefühle mitzuteilen. Sie sind insbesondere in der Lage, anderen Personen zu sagen, was sie möchten und was sie vom anderen erwarten. Eindeutig, klar und präzise – ohne rumzulabern. Gleichgültig, ob diese eindeutige Ich-Botschaft in einem konkreten Gespräch oder in der alltäglichen Kommunikation angewandt wird.

Das sind die vier Schritte der eindeutigen Ich-Botschaft:
1. Sie beschreiben Ihrem Gesprächspartner das Problem, das Thema oder die Situation aus Ihrer Sicht und zwar so genau wie möglich. Formulieren Sie in wenigen Sätzen. Nicht ins Schwafeln verfallen!
2. Sie stellen Ihrem Gesprächspartner die Auswirkungen der Situation, des Problems oder seines Verhaltens auf Sie dar. Wie wirkt sich der unter 1. geschilderte Sachverhalt auf Sie aus? Bleiben Sie bei knappen, präzisen Formulierungen.
3. Benennen Sie Ihre eigenen Gefühle beispielsweise so: Ich bin sauer. Ich bin verärgert.
4. Teilen Sie dem Gesprächspartner Ihre eigenen Wünsche, Bedürfnisse und Erwartungen mit: Ich wünsche mir von dir .../ Ich bitte Sie ...

Ein konkretes Beispiel für die Anwendung der vier Schritte

Ein Kollege hat Ihnen überraschend eine umfangreiche, eilige Aufgabe gegeben, obwohl er es hätte früher planen können. Sie sind stinksauer.

Sie sagen zu Ihrem Kollegen:

„Sie haben mir gestern Nachmittag völlig überraschend einen umfangreichen Auftrag mit einer sehr kurzfristigen Terminvorgabe gebracht (1 – Problem beschreiben).

Das hatte für mich zur Folge, dass ich mein Projekt unterbrechen und einen Teil meiner derzeitigen Projektaufgabe an eine andere Kollegin delegieren musste. Außerdem musste ich überraschend zwei Überstunden anhängen und meinen Zahnarzttermin absagen (2 – Auswirkung darstellen).

Ich bin sehr verärgert und wütend (3 – Ihre eigenen Gefühle benennen).

Ich bitte Sie/ich wünsche mir von Ihnen, dass Sie mir künftig frühzeitig, möglichst am Tag davor, Bescheid geben, wenn eine derartige Aufgabe ansteht. So können wir, meine Kollegin und ich, uns darauf einstellen und den Arbeitsablauf und die Zeiteinteilung planen (4 – Eigene Wünsche und Erwartungen konkret mitteilen).

Sprechen Sie in kurzen Sätzen. Benutzen Sie präzise, klare, eindeutige Aussagen! Wichtig: Sagen Sie, was der Kollege/der Gesprächspartner nächstes Mal tun soll, nicht, was er nicht tun soll („Bringen Sie bitte die Arbeit nicht so kurzfristig ...")! Und teilen Sie der anderen Person eindeutig Konkretes mit, beispielsweise, was genau Sie wie oft tun soll (möglichst Zahlen angeben, Termine, erwünschte Häufigkeiten, konkrete Plätze nennen).

TIPP

Aus einer Coaching-Sitzung: Wie ein Coachee die eindeutige Ich-Botschaft in einem beruflichen Gespräch nutzte

Ein Coachee berichtete mir im Coaching, dass seit fast einem Jahr in seiner Firma eine Gehaltserhöhung für ihn anstehe. Vor fast einem Jahr habe er eine neue, höherwertige Tätigkeit in der Erwartung übernommen, eine Einkommenssteigerung zu erhalten. Sein Vorgesetzter habe sie ihm damals zugesagt. Seither habe er einige Male seinen Vorgesetzten darauf angesprochen, sei aber immer wieder vertröstet worden.

Wir haben gemeinsam in der Coaching-Sitzung erarbeitet, wie er das Thema mit seinem Vorgesetzten besprechen kann. Zuerst habe ich den Coachee gefragt, wie es ihm dabei geht. Wie seine Gefühle sind, die er durch das Hinauszögern der Gehaltserhöhung hat. Er berichtete mir nämlich sehr erregt und wütend darüber.

Er fühlte sich hingehalten und ausgenutzt, weil er nahezu ein Jahr eine sehr herausfordernde, höherwertige Tätigkeit verrichtete, für die er nicht adäquat bezahlt wurde. Auch spürte er eine Unsicherheit in sich, ob er vielleicht etwas in seiner Arbeit nicht zur Zufriedenheit des Vorgesetzten erledigte.

Danach haben wir nach Möglichkeiten gesucht, wie er im Gespräch mit dem Vorgesetzten vorgehen kann. Zuerst galt es, das Gespräch mit dem Vorgesetzten in einer ruhigen Situation und nicht zwischen Tür und Angel zu führen. Was für meinen Klienten bedeutet hat, seinen Vorgesetzten um einen Gesprächstermin zu bitten.

In den vergangenen Monaten fanden Gespräche zwischen den beiden meistens auf dem Gang oder zwischen Meetings im Vorübergehen statt. Keine gute Ausgangsbasis für eine Erinnerung an eine Zusage einer Gehaltserhöhung. Ich schlug meinem Coachee vor, sein Gespräch mit der vollständigen Ich-Botschaft anzugehen und dies gemeinsam mit mir vorzubereiten. Nach anfänglicher Skepsis hat sich mein Klient entschieden, die Ich-Botschaft für sein Thema mit mir vorzubereiten und das Gespräch mit seinem Vorgesetzten entsprechend zu führen.

Die eindeutige Ich-Botschaft für sein Gespräch sah für meinen Coachee nach der Ausarbeitung so aus:

1. Problem beschreiben
„Vor ungefähr elf Monaten wurde ich von Ihnen gefragt, ob ich mir die Tätigkeit X zutraue und ob ich bereit wäre, diese zu übernehmen. Sie stellten mir eine Gehaltserhöhung in Aussicht, die sechs Wochen nach Beginn meiner Arbeit auf diesem Arbeitsplatz erfolgen sollte."

2. Auswirkungen darstellen
„Seit elf Monaten bin ich auf diesem Arbeitsplatz eingesetzt und erledige eine Tätigkeit, für die ich erheblich mehr bezahlt bekommen müsste. Erinnern Sie sich bitte, Sie hatten mir eine Gehaltserhöhung nach sechs Wochen auf diesem Arbeitsplatz zugesagt."

3. Gefühle benennen
„Ich bin verärgert, da ich nach wie vor eine Arbeit erledige, für die ich nicht adäquat bezahlt werde. Außerdem bin ich verunsichert darüber, ob ich meine Arbeit ordnungsgemäß und zu Ihrer Zufriedenheit erledige. Und ich bin etwas hilflos, was ich denn noch tun soll."

Über den letzten Satz „... und ich bin etwas hilflos ..." war sich mein Coachee sehr unsicher, ob er im Gespräch sein Gefühl der Hilflosigkeit benennen soll. Dieses Gefühl hatte er immer mehr in sich gespürt. Wir haben das offengelassen, er wollte situativ im Gespräch entscheiden.

4. Eigene Wünsche, Interessen, Erwartungen formulieren und mitteilen

„Ich bitte Sie, sich dafür einzusetzen (dafür zu sorgen), dass ich schnellstmöglich eine Gehaltserhöhung bekomme und somit entsprechend meiner Arbeit bezahlt werde."

Beachten Sie bitte:
Selbstverständlich sollen Sie Ihre Äußerungen in Gesprächen mit Ihren Worten ausdrücken. Im Coaching, auch in Seminaren, erarbeite ich mit meinen Coachees oder Teilnehmenden Formulierungen, Ideen und Vorschläge für Gesprächssituationen, die jeder in seinem Sprachstil anwendet oder einsetzt.

Sie müssen konkret den Kern der einzelnen Aussagen vorbereiten und darauf achten, sich nicht zu verzetteln. Gerade dann, wenn es um das Besprechen von persönlichen Angelegenheiten und um die Schilderung von Gefühlen geht, fangen wir mit dem Rumeiern und Drumherumreden an. Wir verfallen in Allgemeinplätze, nutzen die Man-Form und schweifen aus: „Man hat mir eine Gehaltserhöhung zugesagt. Man sollte mich höher gruppieren. Man ist vielleicht nicht zufrieden mit meiner Arbeit."

Beim nächsten Coaching-Termin einen Monat später berichtete mir der Coachee stolz, dass er genauso, wie wir das Gespräch vorbereitet hatten, vorgegangen sei. Sein Vorgesetzter sei sichtlich betroffen gewesen, was die Angelegenheit der nicht erhaltenen Gehaltserhöhung bei seinem Mitarbeiter ausgelöst habe.

Der Vorgesetzte habe erklärt, dass er die Angelegenheit der Gehaltserhöhung meines Coachees im Trubel und Alltagsstress vergessen habe. Er habe zugesagt, sofort nach diesem Gespräch alles Notwendige für eine höherwertige, adäquate Bezahlung zu veranlassen.

Mein Coachee erzählte mir, dass er sogar seinem Vorgesetzten sein Gefühl der Hilflosigkeit schilderte und der Vorgesetzte wirklich nachdenklich darüber wurde. Kurz nach dem Gespräch mit dem Vorgesetzten erhielt mein Coachee seine Gehaltserhöhung.

KOMPAKT

Eine eindeutige Ich-Botschaft zu formulieren ist anspruchsvoll und durchaus eine Herausforderung. Sie müssen sich vorab Ihrer eigenen Wünsche, Bedürfnisse und Erwartungen klar werden. Durch ein in sich Hineinhorchen (Was will ich, was brauche ich?) bekommen Sie mit der Zeit ein gutes Empfinden für Ihre Bedürfnisse und Wünsche. Nur dann können Sie diese artikulieren, aussprechen sowie als Ich-Botschaften in Gesprächen einsetzen.

TIPP

Der Spruch: Übung macht den Meister und natürlich auch die Meisterin ist auch hier richtig!

Interessen herausfinden

„Das Gespräch lebt nicht von der Mitteilung, sondern von der Teilnahme."

Ernst Reinhardt, Schweizer Publizist

Im Kapitel 4 ging es darum, wie Sie mit einer Ich-Botschaft Ihrem Gesprächspartner mitteilen können, wie es Ihnen geht, was Ihre Bedürfnisse, Wünsche, Interessen und Erwartungen sind. Für Win-win-Gespräche gilt es gleichermaßen, die Interessen Ihres Gesprächspartners herauszufinden, damit Sie Klarheit über die Ziele, Wünsche, Erwartungen und Bedürfnisse des anderen bekommen:

- Welche konkreten Interessen, Wünsche und Bedürfnisse verfolgt Ihr Gesprächspartner?
- Welche Motive hat Ihr Gesprächspartner im Hintergrund und weshalb möchte er in diesem Gespräch erfolgreich sein?
- Welche Interessen und Informationen sind aus seiner Sicht für ein zufriedenstellendes Gesprächsergebnis für Sie beide notwendig?
- Was bewegt ihn dazu, mit Ihnen zu reden? Was bewegt ihn dazu, sich mit Ihnen an einen Tisch zu setzen?

Die Interessen des Gesprächspartners herauszufinden bringt Ihnen Vorteile

Wenn Sie die Interessen und Bedürfnisse Ihres Gesprächspartners kennen (und selbstverständlich auch Ihre eigenen), dann haben Sie einen erheblichen Vorteil in Gesprächen! Mit der Kenntnis der Interessen und den Bedürfnissen des anderen wissen Sie, wie Sie ihn zu einer Einigung, zu einem für beide erfolgreichen Gesprächsergebnis führen können.

In der Regel werden von beiden Seiten Positionen oder Forderungen formuliert und im Gespräch wiederholt vorgebracht. Je länger sich das Gespräch hinzieht, umso heftiger werden die Positionen von beiden Gesprächspartnern mit Argumenten untermauert.

Dieses Muster gilt es zu unterbrechen. Für ein beidseitig gutes und wertvolles Gesprächsergebnis ist es unabdingbar, dass Sie sich um die Interessen, Wünsche und Bedürfnisse kümmern, die hinter den jeweiligen Standpunkten, den Positionen und den vorgetragenen Argumenten stecken.

Unbenommen davon bleibt Ihre Zielsetzung, wie im Kapitel 1 „Gespräch vorbereiten und Ziel definieren" beschrieben, erhalten. Ihre Zieldefinition ist wichtig, damit Sie wissen, was Sie im Gespräch für sich erreichen möchten. Ihre Bedürfnisse, Interessen und Wünsche zeigen an, weshalb Sie dieses Ziel erreichen möchten – nämlich die dahinterliegenden Gründe.

Sind Ihnen allerdings Ihre eigenen Interessen und Bedürfnisse hinter den Positionen und Forderungen und ebenso die Ihres Gesprächspartners nicht bekannt, ist die Chance groß, dass das Gespräch für beide Seiten unbefriedigend endet oder sogar scheitert.

Die Position oder die Forderung sind wie die Fassade eines Hauses, nur das Äußere ist sichtbar. Die Räume, die Einrichtung, die Hausbewohner, das Leben, alles, was Sie in einem Haus vorfinden, das sind die Interessen, die Wünsche und Bedürfnisse. Also alles, was hinter den Mauern, der Fassade, von außen unsichtbar ist.

Finden Sie heraus, welches Leben sich hinter der Fassade Ihres Gesprächspartners abspielt. Unterstützen Sie ihn dabei, seine Interessen, Wünsche und Bedürfnisse zu artikulieren und Ihnen zu schildern. Sie werden beide davon profitieren.

Selbstverständlich setzt dies voraus, dass auch Sie Ihre Interessen, Wünsche und Bedürfnisse in Ihrem Haus, hinter Ihrer Fassade kennen, diese in einem Gespräch eindeutig formulieren und klar aussprechen.

Reflektieren Sie Ihr Verhalten: Wählen Sie Ihre persönlichen Gründe aus, die Sie daran hindern, das Interesse Ihres Gesprächs- oder Verhandlungspartners zu erfragen. Kreuzen Sie an, was auf Sie zutrifft.

Ich bin mit mir selbst und meinen Interessen beschäftigt.   O

Ich bin schlecht vorbereitet.   O

Mein Gesprächspartner ist mir unsympathisch und ich bin deshalb   O
nicht an seinen Interessen interessiert.

Ich konzentriere mich zu sehr auf mich.   O

Ich möchte nicht neugierig sein.   O

Ich bin aufgeregt und emotional beteiligt.   O

Ich kenne zu wenige Fragemöglichkeiten.   O

Es ist mir gleichgültig.   O

Ich möchte meine Positionen durchsetzen.   O

Ich möchte dem anderen nicht zu nahe treten.   O

Wertschätzendes Interesse zeigen – positiv neugierig sein

Es geht nicht darum, in einem Gespräch die Hosen herunterlassen zu müssen. Um ein gemeinsames, gutes Gesprächsergebnis zu erzielen, ist es bedeutsam für Sie, herauszufinden, was dahinter steckt. Sie müssen wirklich Klarheit über die Interessen, Wünsche und Bedürfnisse des anderen bekommen. Mit dem Wissen über diese Hintergründe können Sie Ihrem Gesprächspartner das notwendige Verständnis entgegenbringen und auf ihn eingehen.

Die Interessen und Wünsche des anderen herauszufinden heißt für Sie, neugierig und wissbegierig zu sein wie ein Kind! Kinder sind neugierig und wissbegierig, sie fragen bei allem nach dem Wieso und Warum. Sie möchten ergründen und herausfinden, weshalb etwas so und nicht anders ist. Nehmen Sie in Ihrem Gespräch die Haltung einer positiv wertschätzenden Neugierde ein.

Bei Erwachsenen ist das Wort Neugierde meistens negativ besetzt. Neugierde in einem Gespräch, in empathischer Form eingesetzt und angewandt, bedeutet, herauszufinden, was den anderen bewegt, was ihn interessiert, was er fühlt und was er von mir möchte!

Neugierig zu sein im Sinne eines wertschätzenden Interesses am anderen Menschen kann man nicht antrainieren. Es ist eine Haltung, eine innere Einstellung, wie ich anderen Menschen begegne. Dabei versuche ich, mich in andere Menschen und in ihre Situation auch in einem Gespräch hineinzuversetzen, weil ich mich für sie und ihr Anliegen interessiere. Nur dann kann ich das notwendige Verständnis entgegenbringen.

Um bei meiner Metapher der Hausfassade zu bleiben: Wenn Sie das Hausinnere Ihres Gesprächspartners nicht betreten, können Sie seine Art zu leben, seinen Geschmack, Details der Einrichtung, sein Inneres, nicht kennenlernen. Genauso wenig kommt er mit Ihrer Lebensart in Kontakt oder Berührung, wenn er nicht in Ihr Haus eintritt.

Keine Angst: Sie sollen sich, obwohl Sie gegenseitig Ihre Häuser von innen kennenlernen, nicht zu nahe treten, die Grenzen der Gastfreundschaft nicht überschreiten, sondern ganz besonders die Intimsphäre wahren. Daraus folgt: Einander respektvoll, verständnisvoll und wertschätzend die Interessen, Wünsche und Bedürfnisse zu erfragen und zu schildern.

In der Vorbereitung Ihres Gesprächs sollten Sie versuchen, sich in Ihren Gesprächspartner einzufühlen, um seinen Gedankengängen möglichst sehr nah zu kommen. Obwohl Sie seine Vorgehensweise, seine Argumente, seine Ziele nur vermuten können und Ihre Annahmen hypothetisch sind, ist sicher, dass Sie sich dadurch mit einigem, was Ihren Gesprächspartner beschäftigt, auseinandersetzen. Trotzdem sollten Sie sich im Gespräch eine Offenheit bewahren für das, was vom anderen für Sie völlig überraschend angesprochen werden könnte.

Eigene Wünsche und Bedürfnisse auszusprechen fällt manchen Menschen schwer

Für die meisten Menschen ist es ungewohnt, Ihre Bedürfnisse, Interessen und Wünsche zu benennen. Es ist ihnen peinlich, sie spüren eine Unsicherheit, meinen, sich verletzbar zu zeigen. Meistens beginnt es schon damit, sich selbst und ebenso anderen Menschen Bedürfnisse, Interessen und Wünsche zuzugestehen. Schon das ist für manche Menschen schwierig. Diese dann auch noch auszusprechen wird vermieden, um angeblich Konflikten oder Auseinandersetzungen aus dem Weg zu gehen. Jedoch gerade das Verhalten des Nichtaussprechens fördert Konflikte. Nicht offen zu sein und den anderen im Unklaren zu lassen, was in einem selbst vorgeht, schürt die Auseinandersetzung. Oder zu denken, der andere müsse doch wissen und sich denken können, was meine Interessen, Wünsche und Bedürfnisse sind. Aber genau das weiß der andere nicht! Der Gesprächspartner kann nicht erahnen, was Sie meinen. Desgleichen kann er auch nicht Ihre Gedanken lesen, nämlich was die hinter Ihren Positionen liegenden Interessen, Wünsche und Bedürfnisse sind.

Umgekehrt können Sie genauso wenig bei Ihrem Gesprächspartner in den Kopf hineinschauen. Es kann vielleicht klappen, dass Sie gegenseitig Ihre Interessen erahnen. Hoffen Sie aber nicht auf einen Zufall, nehmen Sie Ihr Gespräch in die Hand und erfragen Sie die Interessen Ihres Gesprächspartners, haken Sie nach.

Es geht darum, andere Menschen und ihre Motive voll und ganz verstehen zu wollen und sie dabei unterstützen zu wollen, ihre Ziele zu erreichen. Ohne sich dabei selbst zu vergessen oder sich aus- oder benutzen zu lassen.

Für beide Gesprächspartner erweitern sich die eigenen Sichtweisen durch das gegenseitige Kennenlernen der Interessen, Wünsche und Bedürfnisse. Das hat die erfreuliche Folge, dass Sie beide mehr alternative Lösungen in Ihrem Gespräch erkennen und finden. Sie werden den beiderseitigen Handlungsspielraum vergrößern, um am Ende des Gesprächs Win-win-Lösungen oder einen guten Kompromiss zu erhalten.

Beenden Sie ein Gespräch erst, wenn beide Gesprächspartner sagen können: „Mein Gegenüber hat mich, hat meine Interessen, Bedürfnisse und Wünsche verstanden." Wenn Sie nicht über Ihre Interessen, Wünsche und Bedürfnisse reden – was oft genug geschieht – können sich die Fronten verhärten und Gespräche eskalieren.

Definition verschiedener Begrifflichkeiten

Ich möchte Ihnen einige Begriffe erläutern, die ich in diesem Buch, besonders in diesem Kapitel, häufiger verwende. Möglicherweise finden Sie in anderen Büchern oder Erläuterungen etwas abweichende Definitionen. Die nachfolgenden Klärungen beziehen sich auf die Zusammenhänge und Texte in diesem Buch.

Ziel. Ein in der Zukunft liegendes Ergebnis, der Endpunkt eines Prozesses, einer Handlung, der Erfolg eines Projektes oder einer Arbeit. Die Zeitvorgabe oder die Markierung in einem sportlichen Wettkampf. Ein Reiseziel, Unternehmensziel, Leistungsziel oder ähnliches Ziel.

Bedürfnis. Ein Bedürfnis wird durch Gefühle sichtbar. Es ist ein Verlangen oder der Wunsch, einem empfundenen oder tatsächlichen Mangel Abhilfe zu schaffen (zum Beispiel Mangel an Essen, Mangel an Anerkennung, Mangel an Erfolg).

Erwartung. Steht für Zukunft, Prognose. Eine Erwartung an jemanden, der etwas Bestimmtes tun soll. Die Erwartung, die jemand an jemand anderen in einer bestimmten Situation hat.

Interesse. Anteilnahme, Aufmerksamkeit. Sich für etwas oder jemanden interessieren. Je größer die Anteilnahme oder Aufmerksamkeit, desto größer ist das Interesse an etwas oder an jemandem. Das Gegenteil ist Desinteresse, jemand oder etwas ist mir völlig gleichgültig, ich ignoriere es oder die Person.

Wunsch. Ein Wunsch ist ein Begehren oder Verlangen nach einer Sache oder nach einer Fähigkeit. Es ist ein Streben oder zumindest die Hoffnung auf eine Veränderung der Realität, einer Handlung oder einer Sache. Das Erreichen eines Zieles für sich selbst oder für einen anderen.

Forderung. Unter einer Forderung wird im Allgemeinen eine Aufforderung, ein Befehl, eine Anweisung, die Einforderung eines Rechtes oder das Geltendmachen eines Anspruches verstanden.

Position. Stellt einen nach außen vertretenen Standpunkt, eine nach außen vertretene Meinung oder Behauptung dar.

Standpunkt. Ein Standpunkt steht für eine persönliche Meinung oder beispielsweise für die Meinung eines Teams oder einer Verhandlungsdelegation.

Das Harvard-Konzept – der Verhandlungsklassiker

Das Harvard-Konzept gilt seit mehr als 30 Jahren als Standardwerk für erfolgreiches Verhandeln. Entstanden ist es aus dem Forschungsprojekt „Harvard Negoziation Project" der Harvard Universität. Die Autoren des aus dem Projekt entstandenen, erfolgreichen Buches sind Roger Fisher, William Ury und Bruce Batton. Im Fokus dieser ergebnisorientierten Verhandlungsmethode steht eine Lösung, die den größtmöglichen beiderseitigen Nutzen bietet (also eine typische Win-win-Lösung). Die Grundphilosophie lautet: Neben der sachlichen Übereinkunft soll für beide Verhandlungsseiten auch die persönliche Beziehung gewahrt bleiben.

Das Harvard-Konzept unterscheidet ganz bewusst zwischen dem Sachinhalt und der Beziehungsebene. Darauf bin ich ausführlich im Zusammenhang mit dem Formulieren von Ich-Botschaften in Kapitel 4 *„Ich statt du* oder *man"* eingegangen.

Das Harvard-Konzept ist mehr als eine bloße Gesprächstechnik, es bietet eine umfassende Hilfe für jede denkbare Gesprächs- oder Verhandlungssituation. Dahinter steht die Philosophie, dass möglichst alle am Gesprächs- oder Verhandlungsprozess Beteiligten einen Mehrwert durch das Reden und aufeinander Eingehen erhalten. Wege für einen besseren Umgang finden, wenn es Differenzen zwischen Menschen, politischen Parteien, Unternehmen oder Nationen gibt, das war und ist das Ziel des Harvard-Konzeptes.

TIPP Das Harvard-Konzept anzuwenden heißt: Sie öffnen Ihr Visier, Sie erweitern Ihr Bewusstsein und schärfen somit Ihre Wahrnehmung für den Verlauf des Gesprächs. Finden Sie die Interessen Ihres Gesprächspartners heraus und schildern Sie dem Gesprächspartner Ihre Interessen, dann werden sich in einem Gespräch völlig neue Lösungsräume für Sie beide eröffnen.

Diese neuen Spielräume zeigen sich in einer gemeinsamen Suche nach einer Lösung mit dem größtmöglichen Nutzen für alle: Die Win-win-Lösung! Oder anders ausgedrückt: Indem beide Gesprächspartner zu Siegern werden, indem beide durch das Gespräch einen Nutzen gewinnen.

Das Harvard-Konzept steht für ein sachgerechtes Verhandeln und für ein sachliches Gespräche-führen. Sache und Mensch zu trennen, die Methode des sachbezogenen Verhandelns: Hart in der Sache und weich zu den Menschen!

Beim Verhandeln nach dem Harvard-Konzept gibt es keine Gewinner und keine Verlierer: Ziel ist das gelöste Problem!

Die vier Grundgesetze des Harvard-Konzeptes
- Menschen und Probleme getrennt voneinander behandeln
- Auf Interessen, nicht auf Positionen konzentrieren
- Verschiedene Wahlmöglichkeiten/Optionen entwickeln
- Das Ergebnis auf objektiven Entscheidungskriterien aufbauen

Teilnehmende in meinen Seminaren stellen mir häufig die Frage: „Was ist denn nun der Unterschied zwischen einer Position und dem Interesse? Wie kann ich das trennen?" Deshalb konzentriere ich mich in diesem Kapitel auf das zweite Harvard-Grundgesetz, nämlich darauf, wie Sie die Interessen im Unterschied zu den Positionen herausfinden können.

Was ist die Position und was das Interesse dahinter?

Wie kann ich erkennen, wann mein Gesprächspartner seine Position schildert und wann er mir etwas über seine Interessen mitteilt?

Eine Geschichte, in der der Unterschied zwischen Interesse und Position klar wird

Zwei Personen streiten sich um einen Kürbis. Jede dieser beiden Personen möchte den Kürbis haben – um jeden Preis. Beide versichern sich gegenseitig, dass ihnen der Besitz des Kürbisses äußerst wichtig ist. Als Lösung ihres Problems einigen sie sich darauf, den Kürbis in der Mitte durchzuschneiden. Mit dem Ergebnis, dass beide unzufrieden sind. Weshalb?

Die beiden haben nur ihre Forderung, ihre Position „Ich möchte den Kürbis haben" ausgetauscht, ohne sich jeweils nach dem dahinter liegenden Interesse zu erkundigen. Ohne danach zu fragen, welche Verwendung von jedem mit dem Kürbis vorgesehen ist. Hätten die beiden sich füreinander interessiert, also versucht herauszufinden, was den anderen bewegt und wofür ihm der Kürbis wichtig ist, hätten sie Folgendes festgestellt: Eine Person wollte die Hülle des Kürbisses haben, um diesen auszuhöhlen, ein Gesicht hineinzuschnitzen und den Kürbis mit einer brennenden Kerze in den herbstlichen Vorgarten zu stellen.

Die andere Person wollte den Inhalt, das Fruchtfleisch des Kürbisses, um daraus eine leckere Kürbiscremesuppe zu kochen.

Hätten die beiden Personen einander einfach gefragt, wofür ihnen der Kürbis wichtig ist, was jeder von ihnen mit dem Kürbis tun möchte, wozu sie ihn verwenden möchten. Hätten sie doch nur mal versucht, ihr hinter der Position „Ich möchte den Kürbis haben" liegendes Interesse herauszufinden. Es wäre so einfach gewesen!

Interessen und Positionen vergleichen

Natürlich können auch gegensätzliche, einander widerstehende Interessen vorliegen. Umso grundlegend wichtiger ist es in Gesprächen, die Interessen beider Seiten aufzudecken und festzuhalten, was verbindet und was trennt.

Interessen	Positionen
Sind die Wünsche und Bedürfnisse oder Motive hinter den Positionen	Sind der nach außen vertretene Standpunkt
Bieten Raum für Optionen und kreative Lösungen	Sind Forderungen, Meinungen oder Behauptungen
Kenntnisse über Interessen sind für ein besseres gegenseitiges Verständnis unabdingbar. Wichtig: Verdeckte Interessen aufspüren Interesse = Was sind die Bedürfnisse?	Es gilt, die Motive dahinter herauszufinden Position = Was ist die Meinung?
„Ich möchte den Kürbis haben, um ..." „Ich brauche den Kürbisinhalt, weil ..." „Für mich ist der Kürbis wichtig, weil ..."	„Ich möchte den Kürbis haben." „Der Kürbis steht mir zu."

Wie finden Sie die Interessen heraus?

• Stellen Sie Fragen und nochmals Fragen!

• Versetzen Sie sich in den anderen hinein. Seien Sie empathisch!

• Zeigen Sie Wertschätzung, nehmen Sie eine wertschätzende innere Haltung zu Ihrem Gesprächspartner ein.

Liefern Sie den Grund, weshalb Sie den Kürbis haben möchten und weshalb Sie ihn brauchen! Das Interesse ist der Grund, die Motivation, für den die Position steht. Es ist das, was Ihren Gesprächspartner wirklich interessiert, was er wirklich möchte!

Beispiele für Fragen:

„Aus welchen Gründen möchten Sie, dass ..."

„Was bewegt Sie dazu, dass ..."

„Wofür ist Ihnen das wichtig?"

(Weitere „W-Fragen" finden Sie in Kapitel 6)

Hinterfragen Sie die Positionen Ihres Gesprächspartners auf seine Interessen und listen Sie diese sichtbar auf.

Aus einem Coaching: Vorbereitung eines Coachees auf ein Gespräch

Die Abteilung Organisationsentwicklung einer Verwaltung plant in einer Außenstelle aufgrund von Kosteneinsparungen beziehungsweise zurückgehender Umsatzzahlen zwei nicht besetzte Personalstellen abzubauen. Ein Gespräch meines Coachees, Mitarbeiter in der Organisationsentwicklung, mit dem Geschäftsführer der Außenstelle steht an.

Interessen des Mitarbeiters Organisationsentwicklung	Interessen des Geschäftsführers
Personalkosten sparen durch Abbau von Planstellen, gegebenenfalls dadurch Sparen von Raumkosten	Erhalt der Außenstelle und der Arbeitsplätze
Erhalt der anderen Arbeitsplätze	Erhalt und Ausbau des Kundenservices
Erhalt der Außenstelle für die Kunden	Schnelle Besetzung der Planstellen, um damit auch die Höhergruppierung des Geschäftsführers sicherzustellen (Die Eingruppierung ist abhängig von der Anzahl der Mitarbeiter)
Erhalt und Ausbau des Kundenservices	

Es ist durchaus auch möglich, dass die Positionen der Gesprächspartner dieselben sind und die beiden trotzdem nicht zu einer Einigung kommen. Auch hier ist es wichtig für die Gesprächspartner, die hinter den Positionen steckenden Interessen herauszufinden.

Aus einem Coaching für ein Ehepaar, das dringend Urlaub benötigt, beide sind völlig erschöpft von ihrer Arbeit.

Interessen der Ehefrau	Interessen des Ehemannes
Abschalten im Urlaub	Ruhe genießen
Aktiv werden	Ein Buch lesen
Zeit mit dem Partner genießen	Beine ausstrecken
Sportliche Aktivitäten	Nichts tun
Mit netten Menschen zusammen sein	Zeit mit der Partnerin verbringen
Spaß haben	Gemütlich die Mahlzeiten einnehmen
Neue Leute kennenlernen	Abschalten
Ausflüge unternehmen	Ausschlafen

TIPP Halten Sie Ihre Interessen und die Interessen des anderen schriftlich fest, beispielsweise auf einer Flipchart-Tafel. Für beide sichtbar. Beachten Sie und notieren Sie vor allem auch vermeintlich belanglose oder momentan nicht relevante Interessen.

Unser Fehler liegt meistens darin, dass wir der Meinung sind, die einzige richtige Lösung zu wissen. Deshalb entwickeln wir einen Tunnelblick und sehen die Lösungen rechts und links des Weges nicht mehr oder wollen diese nicht mehr sehen.

So gehen Sie vor:

Ungünstige Aussage	Besser
1. Meine Position/Position des Gesprächspartners	Notieren Sie die Positionen auf einer Flipchart-Tafel oder wenigstens auf DIN A 4-Papier, um diese von beiden Gesprächspartnern schriftlich und sichtbar festzuhalten.
2. Meine Interessen/ Interessen des Gesprächspartners	Hinterfragen Sie, was dahinter steht oder steckt. Notieren Sie diese Interessen auf einer zweiten Seite. Hinter gegensätzlichen Positionen können durchaus gemeinsame und ausgleichbare Interessen liegen – sowie natürlich auch sich widersprechende. Listen Sie auch Interessen auf, die Ihnen zunächst unwichtig erscheinen. Manchmal bemerken wir die Wichtigkeit erst, wenn wir das Thema notiert haben oder sogar noch später.
3. Was sind unsere Gemeinsamkeiten/unsere gemeinsamen Interessen?	Finden Sie die Übereinstimmungen heraus und notieren Sie diese auf einer dritten Seite. Worin liegen Sie mit Ihrem Gesprächspartner bereits auf einer Linie, welches sind Ihre gleichartigen Interessen?
4. Wir haben noch unterschiedliche Auffassungen und Interessen in folgenden Punkten: ...	Nun kommen Sie zum Kern Ihres Gesprächs, zu den Themen, die Sie noch trennen. Wo die Interessen zwischen Ihnen beiden noch auseinander sind, für die Sie noch eine Lösung finden wollen oder müssen. Halten Sie diese auf einer weiteren Seite fest.

Das Aufzählen und Notieren der verschiedenen Interessen hat noch einen weiteren Vorteil. Schauen Sie sich diese Aufzählung genau an. Sie gibt ihnen die Möglichkeit, über Tauschgeschäfte nachzudenken. Sie wissen: Gespräche zu führen ist ein Geben und Nehmen. Deshalb sollte Sie das Festhalten der unterschiedlichen Interessen zu Tauschgeschäften inspirieren.

Das Grundproblem bei einem Gespräch liegt nicht in gegensätzlichen Positionen, sondern im Konflikt der beiderseitigen Sorgen, Nöte, Engpässe, Wünsche und Ängste. Sorgen und Wünsche sind Interessen! Die Interessen sind die Gründe dafür, eine entsprechende Position beziehungsweise entsprechende Ziele zu vertreten. Hinter gegensätzlichen Positionen können durchaus gemeinsame, miteinander vereinbare Interessen stecken. Beispiel Kürbis. Das gilt auch dann, wenn es am Anfang nicht so scheint.

Zum Vorteil beider Gesprächspartner ist es, Folgendes zu überlegen: „Wenn ich Ihnen bei X entgegenkomme, wie weit können Sie dann mir bei Y entgegenkommen?" Wenn Sie das Interesse oder Bedürfnis des anderen zufriedenstellend erfüllen konnten, dann wird er auch Ihnen leichter einen Gefallen tun.

So denken zu lernen, das ist ein Ziel des Harvard-Konzeptes. Sie haben bestimmt etwas im Hintergrund, was Sie leicht abgeben können. Probieren Sie mal aus, was Sie dafür vom Gesprächspartner als Gegenleistung bekommen können.

Denken Sie darüber nach, was Sie abgeben können, und machen Sie Ihrem Gesprächspartner ein Angebot.

Wenn Sie in einem Gespräch nicht weiterkommen, wenn Sie festsitzen oder ein Vorwärtskommen blockiert ist, haken Sie nach:

- Weshalb ist gerade diese Position für Ihren Gesprächspartner so wichtig?
- Welche Ideen, Vorstellungen, Interessen verbergen sich dahinter?

Denken Sie darüber nach: Vielleicht sind die Argumente und Positionen Ihres Gesprächspartners gar nicht so übel? Betrachten Sie die Interessen von Ihnen beiden, die hinter den Positionen stehen. Welche Gemeinsamkeiten entdecken Sie?

Die Grundfrage für Ihr Gespräch lautet: Welches Interesse steckt auf beiden Seiten hinter den Positionen beziehungsweise hinter den Forderungen? Positionen sind starr und festgelegt, mit Interessen können Sie aufeinander zugehen und aufeinander eingehen. Nehmen Sie sich Zeit und die Geduld, die Interessen beider Gesprächspartner herauszufinden und diese genau zu betrachten. Öffnen Sie Ihr Visier für verschiedene Lösungsoptionen und denken Sie daran: Es gibt nicht nur die eine Lösung – sondern meistens mehrere! Wir müssen es nur zulassen, diese zu sehen!

KOMPAKT

Ihre innere Einstellung

Voraussetzung für Ihr Interesse an Ihrem Gesprächspartner sollte selbstverständlich sein, dass Sie wirklich wissen wollen, was hinter seiner Position steckt. Dass Sie ihn und seine Wünsche, Interessen und Bedürfnisse verstehen wollen und respektieren.

Sicher ist: Der andere spürt, ob Sie in einem Seminar oder mit diesem Buch Floskeln auswendig gelernt oder sich antrainiert haben, um damit nach seinen Interessen zu fragen, weil es eben laut dem Harvard-Konzept so sein muss.

Der andere bemerkt sehr wohl, ob Sie seine Interessen und Bedürfnisse erfragen, weil es Ihnen ein echtes, inneres Anliegen ist, auf ihn einzugehen. Ob es Ihnen wirklich wichtig ist, mit ihm eine gemeinsame Lösung, eine für beide Seiten zufriedenstellende Lösung zu erreichen.

Wenn Sie ein Gespräch führen mit dem Gedanken, dass nur Ihr Lösungsvorschlag (beziehungsweise nur Ihre Position) der einzig richtige ist und Ihr Gesprächspartner sich Ihren Argumenten anschließen muss, weil ausschließlich Ihre Argumente stichhaltig sind, wird es schwierig für Sie werden, eine zufriedenstellende, ja überhaupt eine Lösung zu erreichen.

Denken Sie einmal darüber nach: Vielleicht sind die Argumente und Positionen Ihres Gesprächspartners gar nicht so übel? Betrachten Sie die Interessen von Ihnen beiden, die hinter den Positionen stehen. Welche Gemeinsamkeiten entdecken Sie?

In meinem Seminar „Erfolgreich Verhandeln", in welchem eine konstruktive, wertschätzende Gesprächsführung in Verhandlungssituationen geübt wird, trainieren die Teilnehmenden unter anderem die Vorbereitung und den Aufbau ihrer Argumentation. Dazu gehört, sich in die Situation des Gesprächspartners hineinzuversetzen (gedanklich in seine Haut zu schlüpfen) und Einwände und Gegenargumente, die vom anderen auf die eigenen Argumente vorgebracht werden könnten, zu finden.

Ein weiterer Teil der Übung ist, auf diese Einwände mit wertschätzenden, Interesse zeigenden Fragen einzugehen. Das ist nicht einfach, führt aber bei den meisten Teilnehmenden zu zwei Aha-Erlebnissen. Einerseits stellen sie fest, dass die Einwände des anderen durchaus berechtigt und nachvollziehbar sind. Und andererseits bemerken sie, dass sie sich bis dato vor einer Verhandlung oder einem Gespräch noch nie so intensiv in den Gesprächs- oder Verhandlungspartner hineinversetzt hatten.

Durch diese Übung eignen sich die Seminarteilnehmenden völlig neue Sichtweisen an. Sie sagten, sie hätten bisher immer versucht, den anderen möglichst massiv und ausdauernd mit ihren Argumenten zu überzeugen. Und je mehr der andere widersprochen und Einwände gebracht habe, umso vehementer hätten sie ihre Argumente vertreten und sich somit gegenseitig hochgeschaukelt.

Ein Wechsel der Perspektive oder wenigstens gedanklich in die Haut des Gesprächspartners zu schlüpfen ist überaus lohnenswert, Erfolg versprechend und in Konfliktsituationen deeskalierend.

Fragen stellen und Angriffe bewältigen

„Das Auge schläft, bis der Geist es mit einer Frage weckt."

Afrikanisches Sprichwort

Das Kapitel 5 „Interessen herausfinden" zeigt deutlich auf, wie wichtig Fragen in einem Gespräch sind, damit Sie die Interessen des Gesprächspartners erkennen. Wie und welche Fragen außerdem eingesetzt und angewandt werden können, das gehen wir mit diesem Kapitel 6 „Fragen stellen und Angriffe bewältigen" an.

„Wer fragt, der führt" ist der gängige Leitspruch. Mit den richtigen Fragen lenken und steuern Sie Gespräche. Fragen geben dem Gespräch eine Richtung. Korrekt und konkret angewandt, hat dies nichts damit zu tun, den Gesprächspartner manipulieren zu wollen oder ihn auszutricksen. Sie können Ihre Gespräche mit Fragen effektiver führen und geschickter kommunizieren. Ein gutes Gespräch kommt nicht ohne Fragen aus, schon alleine um das Interesse und die Hintergründe des anderen zu erfahren und in die Lösungssuche einzubeziehen.

Mit Fragen intensivieren und vertiefen Sie Ihre Beziehung zu Ihrem Gesprächspartner. Wenn Sie ihn nach seiner Meinung zu einem aktuellen Thema oder Problem fragen, wird er sich geehrt und geschätzt fühlen. Überlegen Sie einmal, wann wurden Sie das letzte Mal nach Ihrer Meinung gefragt und wie ging es Ihnen dabei? Sicher gut, weil man Sie als eine Person wahrgenommen hat, die man nach ihrer Meinung oder sogar nach ihrem Rat fragte.

Fragen sind eine der wichtigsten Kommunikationsmethoden in Gesprächen. Häufig müssen Sie sich in kürzester Zeit möglichst viele entscheidende Informationen von Ihrem Gesprächspartner einholen. Sie sind gefordert, eine Reihe von Fragen zu stellen, um das Interesse und die Hintergründe des anderen zu durchschauen und dabei konkret und gezielt jedoch gleichfalls diplomatisch vorzugehen. Wie Sie Ihre Fragen stellen und welche Fragen Sie stellen, trägt maßgeblich dazu bei, welche Atmosphäre im Gespräch entsteht und ob Ihr Gesprächspartner Ihre Fragen Ausfragen empfindet oder nicht.

Wenn Sie wirklich daran interessiert sind, Bescheid zu wissen, was Ihren Gesprächspartner bewegt und motiviert, was seine Bedürfnisse und Interessen sind, also wenn Sie ihm Wertschätzung entgegenbringen, dann wird es Ihnen sicher leichtfallen, entsprechende Fragen zu stellen, um darauf eine offene, ehrliche Antwort zu erhalten.

Sie müssen den anderen nicht unbedingt allumfassend sympathisch finden, aber er wird spüren, ob Sie ihn als Partner und als Mensch, mit dem Sie das Problem lösen wollen, respektieren und akzeptieren. Sie sind zusammengekommen, um ein Thema anzugehen, ein Problem zu lösen, und nicht, um sich gegenseitig unbedingt sympathisch zu finden. Natürlich erleichtert gegenseitige Sympathie die Gesprächssituation enorm, doch können Sie sich im Beruf Ihre Gesprächspartner meistens nicht aussuchen!

Weshalb Fragen einem Win-win-Ergebnis nutzen:
- Fragen geben dem Gespräch Richtung.
- Fragen steuern/lenken Gespräche.
- Sie erhalten Informationen, die entscheidend sein können.
- Indem Sie Fragen stellen, geben Sie dem anderen Denkanstöße.
- Sie aktivieren Ihren Gesprächspartner, sie regen an.

- Fragen zeigen dem anderen Interesse an seiner Person und seinem Thema.
- Fragen durchbrechen einseitige, möglicherweise festgefahrene Denkrichtungen.
- Fragen führen auf das Problem hin.
- Fragen öffnen (das Gehirn wird angeregt, fängt an zu denken), Aussagen verschließen (das Gehirn macht zu).

Auf der Sachebene verschaffen Sie sich mithilfe von Fragen Informationen und vertiefende Hintergründe über den Gesprächsinhalt. Mit Fragen nähern Sie sich Ihrem Gesprächspartner auf der Beziehungsebene an und können ein vertrauensvolles Gesprächsklima aufbauen. Es zeigt ihm, dass Sie an ihm und seinen Themen oder Problemen ein wirklich echtes Interesse haben! Gleichermaßen können Sie Ihrem Gesprächspartner Ihre Interessen und Hintergründe darlegen, wenn er Ihnen entsprechende Fragen stellt.

Fragen zeigen Ihre Wertschätzung für den anderen

Sie drücken mit Fragen Ihre Wertschätzung aus, indem Sie den anderen nach seiner Meinung, seinem Interesse, seinen Bedürfnissen und Wünschen sowie nach seinen Fach- und Sachkenntnissen fragen. Ihr Gesprächspartner wird sich mit seinen Ansichten und Interessen ernst genommen fühlen. Es sei denn, Sie fragen dies alles nur aus taktischen und strategischen Gründen heraus und nicht aus tatsächlichem Interesse an den Problemen und Themen Ihres Gesprächspartners sowie an der Lösung.

Von einer gelungenen und wertschätzenden Kommunikation kann hingegen nicht die Rede sein, wenn Sie Ihren Gesprächspartner mit Fragetechniken austricksen wollen. Er wird dies im Übrigen mit Sicherheit bemerken – genauso wie Sie ein Tricksen Ihres Gesprächspartners bemerken würden – und Ihr Gespräch wird möglicherweise unbefriedigend und erfolglos für Sie beide zu Ende gehen.

Trotz aller positiven Neugierde, die Sie entwickeln, denken Sie bitte daran: Auch beim Fragenstellen immer in Ihrer wertschätzenden Haltung bleiben! Treiben Sie mit Fragen niemanden in die Enge, horchen Sie den anderen nicht aus, schaffen Sie mit Ihren Fragen keinen Verhörcharakter. Achten Sie darauf, dass der Gesprächspartner sein Gesicht wahren kann!

Finden Sie die richtige Dosierung an Fragen heraus. Je häufiger Sie das Einsetzen von Fragen in Ihren Gesprächen anwenden und üben, umso eher gelingt es Ihnen mit Routine. Überschütten Sie niemanden mit Fragen. Das birgt die Gefahr, dass Sie ausweichende Antworten erhalten oder der andere überhaupt nicht mehr weiß, welche Frage von Ihnen gestellt wurde. Weitere ungünstige Verhaltensweisen: Nach einer Frage sofort die nächste Frage nachschieben oder die eigene Frage selbst beantworten.

Stellen Sie Ihre Fragen kurz, präzise und leicht verständlich! Lassen Sie dem Gesprächspartner Zeit, eine Antwort zu geben. Richtig antworten kann nur der, der die Frage verstanden hat.

TIPP

Die zwei bedeutsamsten Frageformen für Gespräche

Beachten Sie bitte den Gesamtzusammenhang des Gesprächs, wenn Sie Frageformen anwenden. Machen Sie sich in der Vorbereitung bewusst, dass jede Frage in einen situativen Zusammenhang eingebettet ist. Dies bestimmt maßgeblich, wie der Gesprächspartner die Frage aufnimmt und wie er die Frage versteht. Die beiden am häufigsten angewandten Fragetechniken sind die geschlossenen und die offenen Fragen.

Geschlossene Fragen

Geschlossene Fragen sind auch Entscheidungsfragen, sie können ausschließlich mit „Ja" oder „Nein" beantwortet werden. Diese Frageform schränkt Gesprächspartner in ihrer Antwortfreiheit ein, sie regt nicht zum Antworten oder Sprechen an. Mit geschlossenen Fragen können Informationen oder Sachverhalte nachgeprüft oder festgehalten werden. Sie sind unverzichtbar, wenn es um Entscheidungen geht. Wollen Sie allerdings mit Ihrem Gesprächspartner in einen guten Beziehungskontakt kommen, vermeiden Sie geschlossene Fragen und setzen Sie offene ein.

Der bekannte TV-Journalist Friedrich Nowottny führte zu Beginn seiner Karriere ein Interview mit Willy Brandt. Berühmt wurde dieses Interview, weil Nowottny ausschließlich geschlossene, zudem noch langatmige Fragen stellte, die Brandt genüsslich in sich hineinlächelnd lediglich mit Ja oder Nein beantwortete. Dieses Interview können Sie auf YouTube ansehen.

Geschlossene Fragen

- ergeben eindeutige Antworten und vermeiden Missverständnisse,
- sparen Zeit und halten Gespräche kurz,
- schließen Gespräche und Verhandlungen ab,
- bringen Sachverhalte auf den Punkt
- und Gesprächspartner zu einer eindeutigen, klaren Stellungnahme
  – „Ja" oder „Nein",
- stellen Ergebnisse und Entscheidungen abschließend sicher.

Mit geschlossenen Fragen stellen Sie Klarheit und Verbindlichkeit in einem Gespräch her, außerdem zwingen sie sehr ausschweifende Gesprächspartner zu Knappheit und Kürze. Vorteilhaft ist es, geschlossene Fragen am Ende eines Gesprächs einzusetzen, wenn es darum geht, Gesprächsergebnisse festzuhalten.

Beispiele:
„Können wir als Ergebnis/Teilergebnis Folgendes feststellen ..."
„Sind Sie damit einverstanden, wenn ich das Ergebnis so ... festhalte?"
„Werden Sie das bis zum ... schaffen?"

Offene Fragen

Mit offenen Fragen geben Sie Ihrem Gesprächspartner Gelegenheit zu einer echten Stellungnahme. Gleichzeitig bekommen Sie durch eine offene Frage viele Informationen, die für ein erfolgreiches Gespräch von Nutzen sind.

Wenden Sie offene Fragen insbesondere am Anfang eines Gesprächs an, sie bringen die Kommunikation in Gang, schaffen eine gute Gesprächsbasis und liefern für den weiteren Gesprächsverlauf wichtige Informationen. Das Ziel offener Fragen ist, eine ausführliche, umfassende Antwort des Gesprächspartners zu erhalten.

Offene Fragen fördern die wechselseitige Kommunikation. Sie

- verbessern das Gesprächsklima,
- bauen Vertrauen auf,
- regen zum Nachdenken an,
- fördern den Dialog auf gleicher Augenhöhe,
- bringen Ihnen Informationen und Hintergründe,
- helfen Ihnen, das Interesse hinter den Positionen herauszufinden, und
- halten das Gespräch in Gang.

Offene Fragen sind W-Fragen, sie beginnen mit wer, was, wann, wo, weshalb, wozu, wie, welche, weswegen, wieso, wodurch ...

Mit Fragen geschickt nachhaken

Gute Gesprächspartner sind sehr kommunikative Menschen und permanent auf der Suche nach Informationen! Da guten Fragestellern Souveränität nachgesagt wird, gebe ich Ihnen eine Reihe von Fragebeispielen.

Beispiele für offene Fragen:

„Welchen Vorteil/Nachteil sehen Sie in/dabei ...?"
„Was halten Sie von ...?"
„Wo sehen Sie die größten Schwierigkeiten?"
„Wofür/wozu ist Ihnen das wichtig?
„Wie schätzen Sie das ein?"

„Womit vergleichen Sie das?"

„Wie kommen Sie zu diesem Preis/Ergebnis?"

„Was sind Sie bereit, dafür zu investieren/auszugeben?"

„Wie kam es dazu, dass ...?"

„Wie sehen Sie aus Ihrer Sicht die strittigen Punkte?"

„Wie würden Sie aus meiner Sicht die strittigen Punkte sehen?"

„Was führte zu ...?"

„Was war ausschlaggebend, dass ...?"

„Was veranlasste Sie dazu, dass ...?"

„Welche Umstände bedingten, dass ...?"

„Wodurch wurde dies ausgelöst?"

Beispiele für Fragen, die Sie unabhängig vom Thema einsetzen können, besonders dann, wenn Ihnen gerade nichts anderes einfällt:

„Wie meinen Sie das?"

„Was genau meinen Sie?"

„Wie sieht das konkret aus?"

„Wofür ist das wichtig?"

„Was erwarten Sie da von mir/uns?"

„Was führte dazu?"

„Was ging dem voraus?"

Stellen Sie keine Warum-Fragen, sie verursachen beim anderen ein schlechtes Gewissen, wirken anklagend und vorwurfsvoll. Sie veranlassen eine Rechtfertigung. Auf manche Menschen wirken sie geradezu bedrohlich. Oftmals genügt es schon, eine Frage anstatt mit einem Warum mit Weshalb zu beginnen. Das entschärft die Frage.

„Wer sich des Fragens schämt, der schämt sich des Lernens."

Christoph Lehmann, deutscher Schriftsteller

Beispiele für den Unterschied zwischen geschlossenen und offenen Fragen

Geschlossene Fragen	Offene Fragen
„Gibt es einen neuen Stand über ...?"	„Wie ist der aktuelle Stand über/ zu ...?"
„Haben Sie das schon einmal versucht?"	Was haben Sie bisher versucht/ unternommen?"
„Können Sie das umgehend erledigen?"	„Unter welchen Bedingungen können Sie das sofort erledigen?" „Welche Voraussetzungen benötigen Sie, um das umgehend erledigen zu können?"
„Verstehen Sie das?"	„Was davon ist verständlich?" „Was davon ist Ihnen unklar?"
„Können Sie diesen Termin einhalten?"	„Was brauchen Sie (noch), um diesen Termin einhalten zu können?" „Wie können Sie diesen Termin einhalten?"

Verständnisfragen

Um sicherzustellen, dass Sie bestimmte Aussagen oder Informationen Ihres Gesprächspartners richtig verstanden haben (bitte beachten Sie: Verstanden im Sinne von begriffen haben und nicht im Sinne von passivem Zuhören), setzen Sie bitte eine Verständnisfrage ein und wiederholen Sie dabei das Gesagte, so wie in Kapitel 3 „Aktives Zuhören – richtiges Verstehen" von mir beschrieben:

- „Habe ich Sie richtig verstanden, dass ..."
- „Verstehe ich Sie richtig, dass ..."
- „Sind Sie also der Meinung, dass ... „
- „Wenn ich Sie richtig verstehe, meinen Sie ..."

Bereiten Sie sich Fragen vor

Stellen Sie positive Fragen (verzichten Sie auf Wörter wie beispielsweise immer, nie, nicht, keine), fragen Sie wohlwollend, freundlich, wertschätzend und achten Sie später im Gespräch auf Ihre Ausstrahlung, Ihre Wortwahl und auf Ihre Stimmlage.

Überlegen Sie sich, bevor Sie ein Gespräch beginnen, welche Fragen Sie eventuell stellen können:
- Fragen für den Anfang eines Gesprächs,
- Fragen, um Informationen einzuholen und Hintergründe zu erfahren,
- Fragen, um das hinter der Position liegende Interesse herauszufinden,
- Fragen, die dem gegenseitigen Verstehen dienen,
- Fragen am Ende eines Gesprächs.

Beispiele für Fragen, die Sie immer wieder einsetzen können:
„Wie erklären Sie sich das?"
„Was glauben Sie, woran das liegt?"
„Was genau stört Sie?"
„Wie werden/möchten Sie konkret vorgehen?"
„Wie zufrieden sind Sie mit der Vereinbarung/der Vorgehensweise?"
„Was passiert dabei im Einzelnen?"
„Worin besteht die Schwierigkeit?"

„Welche Schwierigkeiten befürchten Sie?"

„Wann, wo, wie oft tritt das Problem XY auf?"

„Was ärgert Sie? Was regt Sie dabei auf?"

„Was erwarten Sie von mir?"

„Was sind Sie bereit, dafür auszugeben?"

„Womit vergleichen Sie uns?"

„Wie kommen Sie zu diesem Preis?"

Mit verbalen Attacken umgehen

Nicht immer laufen Gespräche, an denen Sie teilnehmen, wertschätzend und auf einer Augenhöhe ab. Manchmal werden Ihnen Killerphrasen um die Ohren gehauen oder Sie werden unfair attackiert. Denken Sie nach: Wie oft wurden Sie schon durch unfaire Angriffe oder Killerphrasen aus dem Konzept gebracht? Durch welche unsachlichen Äußerungen Ihres Gesprächspartners wurden Sie blockiert? Wie oft schon haben Sie sich über sich selbst geärgert, weil Ihnen wieder einmal keine passenden Antworten auf unfaire und persönliche Attacken eingefallen sind?

Erinnern Sie sich: Welche Killerphrasen haben Sie selbst schon einmal in Ihren Gesprächen verwendet? War Ihnen das immer bewusst? Deshalb gilt es als Erstes, Killerphrasen und unfaire Angriffe bewusst wahrzunehmen und die eigenen Emotionen zu spüren. Dann können Sie mit Angriffen umgehen und eine mögliche Sprachlosigkeit oder emotionale Reaktion darauf vermeiden. Bewusstes Erkennen hilft Ihnen, sich nicht gekränkt oder verunsichert zurückzuziehen, sondern selbstbewusst und angemessen der Attacke zu begegnen.

Mit Killerphrasen oder auch mit Totschlagargumenten sollen Sie aus dem Konzept gebracht oder verunsichert werden, bei Ihnen soll ein wunder Punkt getroffen werden, Sie sollen an die Wand gedrückt werden, man will Sie emotional reizen, verärgern oder sogar zur Weißglut treiben. Oder Ihr Gesprächspartner merkt ganz einfach selbst nicht, was er mit einer Killerphrase bei Ihnen auslöst.

Haben Sie einen Gesprächspartner, der es absolut bewusst und gezielt darauf anlegt, Sie mit Killerphrasen und unfairen Attacken an die Wand zu drücken, sollten Sie sich fragen, welche Beziehung Sie zueinander beziehungsweise miteinander pflegen – und diese grundsätzlich auf den Prüfstand stellen. Wenn Sie jemand dermaßen attackiert, stellt sich die Frage, ob derjenige überhaupt gewillt ist, mit Ihnen ein Win-win-Gesprächsergebnis zu erreichen. Andererseits kann sich Ihr Gesprächspartner verrannt haben und es liegt an Ihnen, durch eine angemessene Reaktion auf die Angriffe die Lage zu entschärfen und nicht noch Öl ins Feuer zu gießen.

Meistens handelt es sich bei Killerphrasen und unfairen Angriffen um
- unsachliche Äußerungen,
- unbegründete Behauptungen,
- um Angriffe auf Ihre Person,
- unterschwellige Behauptungen,
- Verallgemeinerungen,
- gezielte Verunsicherungen,
- Pauschalierungen.

Killerphrasen können auch Sprüche, Sprichwörter oder Redensarten sein, alles Flapsige, was ein Gespräch oder eine Verhandlung abtötet. Sätze, die beispielsweise die Wörter immer oder nie beinhalten. „Das war schon immer so" oder „Das hat noch nie funktioniert".

Beispiele für Killerphrasen:

„Das ist reine Theorie, in der Praxis klappt das nicht."

„Die Kosten sind zu hoch."

„Das haben wir schon alles erfolglos ausprobiert."

„So kann nur eine Frau/ein Mann argumentieren."

„Das haben wir noch nie gemacht."

„Dafür haben wir kein Geld und keine Zeit."

„Sie sind der einzige Mensch, der das widersprüchlich sieht. Alle anderen stimmen mir zu."

TIPP Generell gilt für Ihr Gespräch: Was du nicht willst, das man dir tu, das füg auch deinem Gesprächspartner nicht zu! Sie möchten in Gesprächen nicht mit unfairen Angriffen oder Killerphrasen attackiert werden – deshalb verzichten Sie ebenfalls darauf!

Wie haben Sie in der Vergangenheit auf unfaires Verhalten Ihres Gesprächspartners reagiert? Mit einer Gegenattacke? Oder haben Sie sich beleidigt zurückgezogen? Ließen Sie den Angriff ins Leere laufen, haben auf Hundert gezählt? Sicher ist es Ihnen wie den meisten Menschen nicht leichtgefallen, eine passende Antwort zu liefern.

Ruhig zu bleiben und die Attacke ins Leere laufen zu lassen befürworte ich nicht nur als anfängliche Gegenstrategie. Auch als dauerhafte Strategie zur Abwehr unfairer Attacken ist ignorieren und ruhig bleiben eine der besten Entgegnungen. Sie bietet einerseits Ihrem Gesprächspartner die Möglichkeit, seine unfaire Attacke zum Schutz seiner Gesichtswahrung im Sande verlaufen zu lassen, und andererseits: Schweigen löst oft bei anderen Menschen Unsicherheit aus. Diese Menschen wissen dann nicht, wie der andere nun gerade damit umgeht? Was geht in dessen Kopf vor? Allerdings sollten Sie bei der Strategie Schweigen nicht betreten oder betroffen auf den Boden oder Tisch schauen, sondern mit dem Gesprächspartner einen selbstbewussten, aufrechten Blickkontakt halten.

Jeder Angriff oder jede unfaire Attacke löst vermutlich Stress in Ihnen aus. Diesen Stressprozess sollten Sie gleich von Beginn an unterbrechen – nämlich Ruhe bewahren. Aber entlasten Sie sich bitte nicht mit einem Gegenangriff auf Ihren Gesprächspartner! Ein Win-win-Gesprächsergebnis können Sie danach abschreiben!

Unfairen Angriffen und Killerphrasen mit Fragen begegnen

Unfaire Angriffe, Killerphrasen oder rhetorische Tiefschläge können demjenigen, der sie einsetzt, einen vermeintlichen momentanen Erfolg bringen. Der Gesprächspartner wurde möglicherweise für einige Zeit aus dem Konzept gebracht. Welchen Nutzen bringt das für Ihr Gespräch? Überhaupt keinen! Nur Nachteile!

Derartige Angriffe oder unfaire Argumentationen dienen weder einem guten Gesprächsverlauf noch der Sache. Dem anderen Menschen so richtig eins auszuwischen, mag das eine oder andere Mal zu einem inneren

Machtgefühl und Triumph verhelfen, aber zum Erfolg führt es nicht. Verbunden mit Genugtuung deuten solche Verhaltensweisen jedoch auf niedere Beweggründe und ein schwaches Selbstwertgefühl des Angreifers hin. Wenn sich jemand nur gut fühlt, wenn er andere erniedrigt und ihnen eins auswischt, was muss das für ein Mensch sein!

Außerdem zeigt sich in einem derartigen Verhalten ein Mangel an Wertschätzung gegenüber dem Gesprächspartner. Unfaires Verhalten vergiftet das Gesprächsklima. Damit stehen das gegenseitige Vertrauen und die langfristige Geschäfts- oder Arbeitsbeziehung auf dem Spiel.

Was Sie bei unfairen Angriffen, Killerphrasen oder Argumentationen auf keinen Fall tun sollten:
- Rechtfertigen oder verteidigen Sie sich nicht!
- Schlagen Sie nicht zurück!
- Geben Sie keine Erklärungen ab!
- Nicht laut oder beleidigend werden!
- Verfallen Sie nicht in Drohungen!
- Zweifeln Sie die Kompetenz des anderen nicht an!
- Treiben Sie niemanden in die Enge!
- Erzeugen Sie keine Schuldgefühle!
- Nichts abstreiten oder zustimmen!

TIPP Lassen Sie Schlechtes an sich abprallen und nehmen Sie Gutes auf!

Sind die Angriffe auf Sie äußerst unhöflich, ja sogar dumm bis dreist, ist das kein Zeichen von Intelligenz Ihres Gesprächspartners. Achten Sie allerdings bitte darauf, dass Sie Ihren Gesprächspartner nicht in die Enge treiben, ein Getriebener schlägt möglicherweise aus Verzweiflung mit unfairen Angriffen um sich. Wenn Sie in einem Gespräch unfairen Angriffen ausgesetzt sind und auf diese eingehen möchten, ist es ratsam, emotional intelligent und deeskalierend zu kontern. Die beste Möglichkeit ist nach wie vor: Ignorieren Sie den Angriff und lassen Sie diesen ins Leere laufen. Wenn Sie möchten, können Sie Ihre emotionale Betroffenheit formulieren – mit der Ich-Botschaft.

In meinen Seminaren und Coachings fragen Teilnehmende häufig, wie auf unfaire Angriffe und Attacken verbal kräftig gekontert werden kann, sodass es beim anderen sitzt. Nicht zu reagieren, nichts zu tun, zu schweigen und ruhig zu bleiben, das wird von den Teilnehmenden oft als Hilflosigkeit interpretiert und diesen Eindruck möchten sie nicht hinterlassen.

Denken Sie daran – offenkundig ist: Ein Gesprächspartner, der Sie mit unfairen Angriffen und Attacken provoziert, möchte Sie aus der Ruhe bringen. Wenn Sie sich provozieren lassen und darauf eingehen, erreicht er sein Ziel. Bleiben Sie daher ruhig, zeigen Sie nicht, wie sehr Sie möglicherweise die Äußerung ärgert oder wütend macht. Wechseln Sie wieder zum Sachthema oder zählen Sie innerlich bis Hundert. Wenn es sein muss auf Zweihundert!

Stellen Sie Ihren Gesprächspartner nicht bloß! Wenn er sein Gesicht verliert, verlieren Sie das Gespräch. Bevor Sie zurückschlagen und die Situation eskalieren könnte, bleiben Sie einfach ruhig und sagen Sie nichts! Danach reden Sie überlegt und sachlich weiter. Um gegebenenfalls Ihre eigene Betroffenheit nach einem Angriff auszudrücken, können Sie durchaus Ihre Emotionen in einer Aussage, einer Ich-Botschaft (siehe Kapitel 4), formulieren. Das hat zusätzlich die Wirkung, dass Sie keine Emotionen unterdrücken, die sich, je mehr Sie diese verstecken wollen, durch eine laute Stimme, einen roten Kopf oder durch Magenschmerzen melden.

Sie können das beispielsweise so formulieren:
„Ihre Äußerung trifft mich und ärgert mich. Sie können das sicher verstehen. Lassen Sie uns bitte wieder inhaltlich diskutieren/reden."

Diese Vorgehensweise ist empfehlenswert, wenn Ihr Ärger wirklich sichtbar oder hörbar wird. Andernfalls gilt nach wie vor: Lieber nichts sagen und kein Öl ins Feuer gießen! Nicht provozieren lassen! Ruhig bleiben. Lassen Sie die Angriffe verhungern. Wenn Sie mit Gegenargumenten oder Gegenangriffen reagieren, geben Sie dem Geschehen Nahrung und der Konflikt wird wachsen.

Beispiele

Killerphrasen oder unfaire Angriffe	Mögliche Antworten darauf
„Das haben wir noch nie gemacht." „Das haben wir schon immer so gemacht."	„Was spricht dagegen, etwas Neues auszuprobieren?" „Wofür ist es Ihnen wichtig, die bisherige Vorgehensweise beizubehalten?"
„Das sehen Sie völlig falsch!"	„Was genau sehen wir/sehe ich Ihrer Meinung nach falsch?"
„Wir haben jetzt keine Zeit für solche Kleinigkeiten."	„Wann können wir uns gemeinsam Zeit nehmen, um diese wichtige Frage zu klären?"
„Ständig machen Sie dies oder das."	„Was genau meinen Sie, was ich tue?"

Killerphrasen oder unfaire Angriffe	Mögliche Antworten darauf
„Sie verstehen überhaupt nichts." „Davon haben Sie keine Ahnung."	„Was genau meinen Sie, das ich nicht verstehe?"
	Passend auf unterschiedliche Angriffe ist: „Was möchten Sie damit sagen?" „Wie meinen Sie das genau?" „Auf was beziehen Sie sich?" „Wie/wo zeigt sich das konkret?" „Es tut mir leid, dass Sie das so sehen."

Lassen Sie unfaire Attacken und Angriffe am besten ins Leere laufen, bleiben Sie ruhig und sagen Sie überhaupt nichts – ignorieren Sie die Provokation! Knüpfen Sie an den letzten Gesprächspunkt an, an dem Sie einen Konsens hatten, oder stellen Sie eine Frage auf die Sachlage bezogen. Eine Brücke bauen Sie dem anderen, wenn Sie den letzten sachlichen Punkt wiederholen, so kann der andere wieder sachlich einsteigen, wenn er sich in einem unfairen Angriff vergaloppiert hat. Widerlegen Sie unfaire Argumentationen inhaltlich und fachlich kompetent.

KOMPAKT

Eine ausgezeichnete Reaktion auf unfaire Angriffe ist natürlich – Humor! Wem es in einer derartig schwierigen, provokativen Gesprächssituation gelingt, andere Menschen zum Lachen zu bringen, der hat gewonnen! Der frühere Bundeskanzler Adenauer hat den Angriff „Früher haben Sie aber eine ganz andere Meinung vertreten" mit „Wollen Sie mir verbieten dazuzulernen?" gekontert.

Schauen Sie sich Fernsehdiskussionen mit einem Notizblock und Stift in der Hand an und notieren Sie sich faire, sachliche und humorvolle Antworten auf Angriffe. Merken Sie sich diese als Beispiele für Ihre Gesprächssituationen. Beobachten Sie, was passiert, wenn auf Provokationen mit weiteren Angriffen reagiert wird.

Feedback geben und nehmen

„Tadeln ist leicht, deshalb versuchen sich viele darin. Mit Verstand zu loben ist schwer, darum tun es so wenige."

Anselm Feuerbach, deutscher Maler

Kritik wird in einem Gespräch ebenso wie im Alltag auffallend schnell geäußert. Wir sind es eher gewohnt, auf Fehler und Negatives zu reagieren als Positives zu bemerken. Auf eine Anerkennung, ein Lob oder eine positive Äußerung wartet man deshalb oft vergeblich. Das kann sich in einem Gespräch destruktiv auswirken und negative Schwingungen auf das Gesprächsergebnis haben.

Anerkennung zu bekommen ist für uns Menschen eines der wichtigsten Grundbedürfnisse. Wer gelobt und anerkannt wird, ist eher bereit, dem anderen das zu geben, was dieser möchte. Derjenige ist auch eher bereit, mal nachzugeben. Positive Anmerkungen und Lob spornen Menschen zu höherer Leistung an. Wer gelobt wird, bemüht sich, dem Lob gerecht zu werden.

Mangelt es an positiven Rückmeldungen, geht die Motivation in den Keller. Lob muss ehrlich sein, wenn es wirken soll, vermeiden Sie plumpe Streicheleinheiten. Dass wir in einer Fehler- und Nörgelkultur leben, zeigt sich in unserem Arbeitsalltag oder auch im privaten Umfeld so: Die Abwesenheit von Kritik ist Lob genug.

Fragen Sie sich ab und zu: Wie sehen mich meine Kolleginnen, meine Kollegen, meine Vorgesetzten, was denken sie über mich und mein Verhalten? Oder was halten die Kunden von mir? Bekommen Sie, falls Sie andere Menschen in Ihrem Umfeld danach fragen, eine offene, ehrliche Antwort? Geben Sie jemandem eine offene, ehrliche Antwort, der Ihnen diese Fragen stellt und mit dem Sie täglich zusammenarbeiten?

Trauen Sie sich, nach Feedback zu fragen

Wer traut sich, im beruflichen oder genauso im privaten Umfeld direkt nach einem Feedback, nach einer Rückmeldung über sein Verhalten, sein Wirken zu fragen? Eher erkundigen wir uns schon mal, wie eine Freundin unser Outfit findet. Oder die neue Frisur oder das neue Auto. Eine neue Wohnung zeigen wir gerne und fragen, wie sie jemand anderem gefällt. Aber wie oft möchten Sie von jemandem wissen, wie Ihr Verhalten in einer bestimmten Situation wirkt? Wie Ihre Art zu reden ankommt? Wie Sie unter Stress reagieren und mit anderen in Stresssituationen kommunizieren? Wie gehen Sie mit einer offenen, für Sie nicht günstigen Antwort um?

Andererseits: Sagen Sie Ihrer Kollegin oder einem Kollegen offen und sachlich, nicht bewertend oder als Urteil, was Sie beispielsweise an deren Verhalten oder der Arbeitsweise lästig finden? Wie oft schlucken Sie Störendes im Alltag runter und in Ihnen staut sich Ärger auf? Wann eskaliert die Situation, weil sich zu viel aufgestaut hat?

Unausgesprochenes und eine mangelhafte, oberflächliche Kommunikation sind die häufigsten Ursachen für Konflikte am Arbeitsplatz und im Privatleben. Viele Konflikte gären oder dümpeln vor sich hin, werden auf Ersatzkriegsschauplätze verlagert, weil Verhaltensweisen oder Meinungen, die am anderen störend erscheinen, nicht sachlich und offen angesprochen und geklärt werden. Möglicherweise eskaliert diese Angelegenheit bei einem ganz anderen Thema.

In einem Gespräch ist konstruktives und echtes Feedback geben und nehmen vorbeugend vor Auseinandersetzungen und Konflikten. Positive Gesprächseindrücke auszusprechen ist nicht nur dafür eine wesentliche Grundlage, sondern ferner für einen guten Gesprächsverlauf und ein erfolgreiches Gesprächsergebnis.

Lob und Anerkennung in einem Gespräch zu äußern, befördert ein Winwin-Gesprächsergebnis. Im umgekehrten Fall geht die Motivation, die Haltung, die Einstellung, dem anderen etwas zu geben, zurück, wenn ehrliche und positive Rückmeldungen in einem Gespräch zum chronischen Mangel werden. Durch wechselseitiges Feedback geben und nehmen wird das gegenseitige Verstehen größer. Um ein gutes, konstruktives, wertschätzendes Gespräch zu führen, gehört Feedback als eines der wichtigsten Handwerkszeuge dazu.

Mit Feedback ein gutes Gesprächsklima bewirken

Soll positives Feedback wirken, muss es aufrichtig und von innen kommen. Echt und authentisch sein, auf keinen Fall aufgesetzt sein oder eine Schleimspur hinterlassen. Wie schon erwähnt, mit plumpen Streicheleinheiten hat positives Feedback nichts zu tun. Nur wenn das Lob und die Anerkennung auf nachvollziehbaren Kriterien oder auf herzlicher, authentischer Sympathie beruht, werden sie als echt erlebt und angenommen. Dann spornt Feedback auch für das Erreichen eines Winwin-Gesprächsergebnisses an.

Erinnern Sie sich: Wem in Ihrem Umfeld haben Sie in der letzten Zeit Feedback gegeben? Was genau haben Sie gesagt? Und von wem und welches Feedback haben Sie in der letzten Zeit erhalten? Was hat Ihnen derjenige mitgeteilt?

Was ist Feedback?

Feedback heißt wörtlich übersetzt: Rückfütterung. Man bekommt zurückgefüttert – oder schöner gesagt – zurückgemeldet, wie man auf andere Menschen wirkt. Es ist eine Mitteilung an eine Person, die darüber informiert wird, wie ihre Verhaltensweisen von anderen wahrgenommen, verstanden und erlebt werden. Das bietet die Möglichkeit, aus konkreten Verhaltenssituationen zu lernen.

Feedback besteht aus zwei Komponenten – dem Feedback geben und dem Feedback nehmen.

Bedeutungsvoll beim Feedback geben ist, dass Sie einer anderen Person sagen, wie Sie diese Person erleben, ohne dabei verletzend zu werden. Sie sollten Ihr Feedback zielgerichtet einsetzen unter dem Aspekt, dass es der anderen Person für die Zukunft möglich ist, ihr Verhalten zu überprüfen und wenn die Person möchte, dieses Verhalten auch zu ändern. Feedback hat zum Ziel, dass die Feedback nehmenden Personen sich ihrer Verhaltensweisen bewusst werden. Dass sie sich besser einschätzen lernen, wie sie auf andere wirken und merken, was ihr Verhalten bei anderen auslöst.

Feedback zu geben ist nicht immer einfach. Nach einem Seminar oder einem Vortrag ein Feedback zum Beispiel dem Veranstalter gegenüber zu geben, fällt uns noch relativ leicht. Da wird Feedback oftmals schriftlich anonym gegeben und wir können uns hinter einem Ankreuzen verstecken. Konkret einer Person, die vor uns steht oder mit der wir ein Gespräch führen, ein Feedback zu geben, das fällt uns in der Regel sehr viel schwerer.

Zu sagen, welche Verhaltensweisen uns positiv am anderen aufgefallen sind, schon das ist für viele Menschen schwierig. Und dann noch kritische Bemerkungen zu äußern oder Tipps für eine Änderung des Verhaltens zu geben und dies nicht verletzend zu äußern – das haben wir möglicherweise nicht gelernt.

Andere Menschen zu beobachten und dann zu überlegen, was man einer Person an Feedback geben könnte, kann man lernen. Setzen Sie sich in ein Café oder an einen anderen Platz, studieren Sie Menschen in Ihrer Umgebung und überlegen Sie:

Welche Eigenschaften, welche Verhaltensweisen, was alles können Sie an anderen Menschen beobachten? Was genau fällt mir an einer bestimmten Person positiv auf, was könnte ich als freundliches und motivierendes Feedback geben? Sie brauchen jemanden nicht lange zu kennen, um positive Dinge an ihm wahrzunehmen. Und dies auch als Feedback auszusprechen.

Sie selbst erfahren durch ein Feedback Lob und Kritik und erhalten viele Informationen, was Sie in Zukunft in Ihrem Verhalten und Ihrer Persönlichkeit für Ihre weitere Entwicklung tun können. Eine Rückmeldung anderer ist für die Entwicklung unseres Verhaltens notwendig. Für unsere persönliche Weiterentwicklung, als Chance, daraus zu lernen und für eine bessere Kommunikation untereinander sowie zur Konfliktprävention!

Ihrem Gesprächspartner positives Feedback zu geben, befördert ein gutes Gesprächsklima und ein erfolgreiches Gesprächsergebnis.

Wenn Sie erreichen können, dass Sie sich in Ihrem Team oder in beruflichen und privaten Gesprächen gegenseitig regelmäßig Feedback geben – positives, konstruktives Feedback – schaffen Sie die beste Voraussetzung für eine Weiterentwicklung Ihrer Kompetenzen und Ihrer Persönlichkeit.

In einem Gespräch fördert positives Feedback die offene Kommunikation und trägt damit zur Verbesserung der Fähigkeit der Kooperation der am Gespräch Beteiligten bei. Insbesondere auf der Beziehungsebene ist der Einsatz von Feedback als Methode für ein gegenseitiges, empathisches Verstehen eine Grundlage zur Gesprächsverbesserung. Mit einem positiven Feedback können Sie Ihre Gesprächspartner motivieren und ihnen Ihre Wertschätzung durch die Aufmerksamkeit eines Feedbackgebens zeigen.

Beispiele:

„Ich freue mich, mit dir ein Gespräch zu führen! Deine offene Art ist sehr angenehm für mich!"

„Ihre Unterlagen sind sehr gut aufbereitet. Kompliment!"

„Die Zusammenarbeit mit Ihnen ist wirklich sehr konstruktiv, dafür bedanke ich mich."

„Schön, dass du dir heute die Zeit genommen hast, mit mir dieses Gespräch zu führen."

KOMPAKT

In Gesprächen werden Sie mutiger und selbstbewusster auftreten, wenn Sie lernen, positives Feedback zu geben und auch anzunehmen. Gegenseitiges Feedback im Gespräch bietet eine Chance, dazuzulernen und sich persönlich weiterzuentwickeln. Es dient dem Aufbau einer wertschätzenden Kommunikation, der Konfliktprävention und klärt Beziehungen zwischen den Gesprächspartnern.

Im Arbeitsalltag ist Feedback geben und nehmen eher ungewöhnlich, teilweise sogar tabu. Obwohl gerade im beruflichen Bereich das Bedürfnis nach ehrlichen Rückmeldungen sehr stark anzutreffen ist. Kolleginnen, Kollegen oder Vorgesetzte schweigen aus falsch verstandener Höflichkeit oder aus taktischen Gründen. Oder weil es ihnen daran mangelt, Situationen und Verhaltensweisen wahrzunehmen und dem anderen konkret, nicht verletzend oder gar abwertend ein Feedback zu geben. Selbst bei auftretenden Fehlern wird geschwiegen, geschluckt und innerlich wird Wut gegen die andere Person aufgebaut. Besser ist: Ein sachlich kritisches und trotzdem persönlich wertschätzendes Feedback geben und die Angelegenheit als erledigt betrachten. Dann hat der andere eine Chance, seinen Fehler zu korrigieren und sich beim nächsten Mal anders zu verhalten.

„Fürchte nicht die, die nicht mit dir übereinstimmen, sondern die, die nicht mit dir übereinstimmen und zu feige sind, es dir zu sagen."

Napoleon Bonaparte

Beim Feedback geben wird immer der subjektive und persönliche Eindruck geäußert. Gut für Sie zu wissen, dass Feedback nicht objektiv ist. Jemand schildert Ihnen, wie er Sie in der momentanen Situation erlebt hat. Das ist weder richtig noch falsch – es ist einfach seine eigene Wahrnehmung von Ihrem Verhalten in der aktuellen Situation. Ihr Verhalten kann in einer anderen Situation von einer anderen Person völlig anders wahrgenommen werden. Da Feedback immer situationsbedingt subjektiv ist, sollte es genau deswegen von Ihnen so aufgenommen werden. Sie entscheiden, ob Sie aufgrund der Feedback-Informationen etwas anders machen möchten und Ihr Verhalten ändern oder nicht. Bedanken Sie sich für das Feedback und denken Sie darüber nach.

Feedback ist keine pädagogische Zwangsmaßnahme – nicht nur der Feedbackgeber muss motiviert sein, Feedback zu geben, sondern auch der Feedbacknehmer muss bereit sein, Feedback offen aufzunehmen. Ob er sein Verhalten aufgrund des Feedbacks verändern möchte oder nicht, liegt alleine im Ermessen und in der Entscheidungsfreiheit des Nehmers.

Ohne Feedback wissen wir möglicherweise nicht, woran wir beim Gesprächspartner sind. Durch sein Feedback lernen wir, ob und vor allem wie unsere Äußerungen im Gespräch bei ihm ankommen. Wir erfahren, wie der andere uns erlebt und wie er die Beziehung zu uns einschätzt. Wenn Feedback richtig gegeben wird, schafft es auf beiden Gesprächsseiten Klarheit.

Wie Sie positives Feedback mitteilen

Beschreiben Sie, wie Sie die andere Person wahrnehmen, wie Sie den anderen erleben, was bei Ihnen ankommt. Das geht bereits nach wenigen Minuten! Aber: Beurteilen Sie nicht und bewerten Sie nicht!

Beispiele:
„Ich nehme Sie als einen aufgeschlossenen und sehr aktiven Gesprächspartner wahr!"
„Ich erlebe Sie hier im Gespräch als jemanden, der sehr freundlich und geduldig ist."
„Ich empfinde dich als ..., ich sehe dich als ..."

Sicher kommen Ihnen die Formulierungen „Ich nehme Sie wahr ..." oder „Ich erlebe Sie ..." fremd und ungewohnt, vielleicht sogar sehr gestelzt vor. Halten Sie sich allerdings an diese Formulierung, so vermeiden Sie, dass Sie Ihr Feedback mit „Du bist/Sie sind ...", „Du hast/Sie haben ..." beginnen und damit eine Bewertung oder Beurteilung abgeben.

Eine Voraussetzung, um positives Feedback geben zu können, ist, dass Sie üben, an anderen
- deren Stärken,
- deren Erfolge,
- deren Kompetenzen,
- deren positive Verhaltensweisen

zu erkennen und wahrzunehmen – und dies auch differenziert.

Differenziert bedeutet, jemandem nicht einfach nur zu sagen „Ich finde dich nett", sondern das „Nett" zu konkretisieren. Was genau finden Sie an der anderen Person nett? Wie zeigt sich diese Person Ihnen, wenn Sie nett ist? Meinen Sie damit die Ausstrahlung der Person? Ein freundliches Verhalten Ihnen oder anderen Menschen gegenüber? Verhält sich diese Person großzügig, hilfsbereit, aufgeschlossen, einfühlsam, ehrlich, begeisterungsfähig, fröhlich, gefühlvoll, aktiv zuhörend, empfindsam, redegewandt, inspirierend, humorvoll, kreativ, fürsorglich, taktvoll, engagiert, optimistisch, aufmerksam oder ...?

Häufig erlebe ich in meinen Seminaren, wenn ich die Teilnehmenden auffordere sich gegenseitig Feedback zu geben, dass sich das Feedbackgeben in allgemeinen Aussagen wie gerade beispielsweise nett, sympathisch oder kompetent erschöpft. Wir sind es einfach nicht gewohnt, anderen Menschen deren besondere Eigenschaften zu schildern.

Sammeln Sie beim täglichen Zeitung Lesen oder beim Lesen eines Buches differenzierte positive Eigenschaften.

TIPP

Am besten können Sie Feedback in einer ruhigen, angenehmen Atmosphäre geben und wenn ausreichend Zeit für ein konstruktives Gespräch besteht. Fragen Sie Ihren Gesprächspartner, ob er bereit ist, ein Feedback von Ihnen zu hören.

Formulieren Sie beim Feedback Geben keine Du-/Sie-Botschaften oder Generalisierungen: „Du hast ..." „Du bist ..." oder „Immer machst du ..." „Ständig verhältst du dich ...".

Teilen Sie dem anderen mit, was genau Sie beobachtet haben. Vermeiden Sie zu meckern oder zu schimpfen, bleiben Sie konkret. Streichen Sie Wörter wie immer, nie, dauernd, ständig, irgendwie, so ungefähr – also alle Verallgemeinerungen – aus Ihrem Wortschatz. Das sind Reizwörter für den Feedbacknehmenden. Denken Sie daran, wie Sie sich fühlen, wenn Sie ein Feedback bekommen und derjenige zu Ihnen sagt: „Immer machst du ..." – da fahren Sie schnell aus der Haut und fühlen sich provoziert.

Formulierungsbeispiele für Feedbackgeber:
„Ich habe beobachtet, ..."
„Mir ist aufgefallen ..."
„Für mich sah/sieht es so aus ..."
„Ich erlebe dich ..."
„Ich habe dich so wahrgenommen ..."
„Mir gefällt an dir ..."
„Mein Eindruck von ... ist ... „

KOMPAKT

Feedback geben bedeutet, einer anderen Person zu schildern oder zu beschreiben, was Sie von ihr in dieser Situation wahrnehmen, sehen oder wie Sie diese erleben. Bewerten Sie nicht und beurteilen Sie nicht. Melden Sie Positives zurück. Bleiben Sie konkret und differenziert. Geben Sie das Feedback direkt und unmittelbar, nicht Wochen später.

So funktioniert kritisches Feedback

Wenn Sie beim Feedback Geben zunächst den Blick auf das Positive richten, dann wird es Ihnen mit der Zeit auch gelingen, bei der Feedback nehmenden Person ein offenes Ohr für kritische Äußerungen zu erhalten.

Anderen ein Feedback zu geben heißt, offen und aufrichtig zu sein. Menschen spüren sehr gut, ob Feedback nur Mittel zum Zweck ist. Bei kritischem Feedback anderen gegenüber sind die Empfindlichkeiten des Nehmers noch erheblich ausgeprägter, was von Ihnen verlangt, verstärkt sensibler und empathischer vorzugehen.

Als einfühlsame Vorgehensweise, nämlich Kritik in einem Wunsch zu formulieren, hat sich dieser Satz bewährt:

„Ich schätze an dir (Ihnen) ... und ich wünsche mir von dir (Ihnen) ..."

Mit dem ersten Teil des Satzes teilen Sie dem Feedbacknehmer Ihr positives, stärkendes Feedback mit. Im zweiten Teil des Satzes formulieren Sie Möglichkeiten und Perspektiven für Veränderungen oder Verbesserungen als Wunsch. Sie verpacken Ihre Kritik als Wunsch.

Sie können Ihre Kritik auch als Idee vermitteln, als Verbesserungsvorschlag. Der Feedbacknehmer kann sich dann mit der Idee auseinandersetzen, kann diese Idee annehmen oder verwerfen. Das bleibt immer die Entscheidung des Feedbacknehmers – seine eigene, freie Entscheidung, sein Verhalten zu verändern oder auch nicht!

Feedback von anderen annehmen

Trauen Sie sich, andere nach einem Feedback über sich zu fragen! Ertragen Sie eine aufrichtige Meinung einer anderen Person über Ihr Auftreten! So haben Sie die Chance, Ihre Persönlichkeit und Ihre Fähigkeiten weiterzuentwickeln.

Als Feedbacknehmer sind Sie zuerst einmal den Äußerungen, den Mitteilungen des Feedbackgebers in einer passiven Rolle ausgesetzt. Nutzen Sie diese Rolle unbedingt als Chance für sich! Lassen Sie den anderen, den Feedbackgeber ausreden, hören Sie zu – von Anfang bis Ende! Vermeiden Sie Diskussionen.

Hören Sie richtig zu und überlegen Sie nicht gleich bei jeder Aussage des Feedbackgebers, was derjenige damit meinen könnte. Sie verpassen, wenn Sie sofort nach Antworten suchen, die weiteren Äußerungen und somit möglicherweise wichtige Hinweise für Ihre Weiterentwicklung. Sie können sich das Feedback selbstverständlich notieren.

Ausreden lassen und nur z-u-h-ö-r-e-n!

Sie brauchen sich gegenüber dem Feedbackgeber nicht zu rechtfertigen oder zu verteidigen. Es geht nicht darum, dass der andere Sie als Persönlichkeit, als Mensch beschreibt, sondern er gibt ausschließlich seine subjektive Meinung wieder, wie Sie in der bestimmten Situation oder in einem konkreten Gespräch mit Ihrem Verhalten auf ihn gewirkt haben. Wie er Sie dabei wahrgenommen oder erlebt hat.

Betrachten Sie Feedback nicht als Maßregelung, sondern als Geschenk und Chance für Ihre Weiterentwicklung. Wenn Sie etwas nicht verstanden haben, dürfen und sollen Sie nachhaken und Verständnisfragen stellen (siehe Kapitel 3 „Aktives Zuhören – richtiges Verstehen". Jedoch: Keine Rechtfertigungen äußern!

TIPP

Nehmen Sie das Feedback des Feedbackgebers an und bedanken Sie sich dafür. Das Feedback kann Ihnen dabei helfen, sich selbst und Ihre Wirkung auf andere kennenzulernen und dadurch selbstsicherer und kompetenter in Ihrem Auftreten zu werden. Ob Sie sich aufgrund des Feedbacks verändern möchten oder daraus lernen möchten, diese Entscheidung treffen Sie.

Scheuen Sie sich nicht, andere Menschen nach Feedback zu fragen und sie aufzufordern, Ihnen Feedback zu geben. Und: Freuen Sie sich ruhig darüber, wenn Ihnen beispielsweise jemand sagt: „Das hast du richtig gut gemacht!" oder „Prima, gute Arbeit!".

Es gibt Menschen, die in der Rolle als Feedbacknehmer mit positivem Feedback nicht umgehen können. Kennen Sie solche Antworten: „Na ja, war Zufall", „Ich hatte einen guten Tag ...", „Meinen Sie wirklich ...?", „So schwierig war das gar nicht ...". Vermeiden Sie diese Art von Antworten. Bedanken Sie sich beim Feedbackgeber für die Anerkennung oder das Kompliment und genießen Sie es! Sagen Sie einfach „Danke".

Bei kritischen Äußerungen des Feedbackgebers Ihnen als Nehmer gegenüber bedanken Sie sich ebenfalls – mehr sagen Sie bitte nicht – und sortieren Sie im stillen Kämmerlein die Kritik. Keine Rechtfertigungen oder Entschuldigungen!

Sinnlos ist es, zu überlegen oder darüber zu diskutieren, wer recht hat. Es gibt unterschiedliche Meinungen über Verhalten und Wahrnehmungen von unterschiedlichen Menschen, und das obendrein in unterschiedlichen Situationen.

Für sich alleine im stillen Kämmerlein können Sie überlegen, welche Kritikpunkte Sie für eine Veränderung oder Verbesserung Ihres Verhaltens annehmen möchten und welche nicht. Es sei denn, Sie hätten sich tatsächlich fehlerhaft verhalten. Dann ist eine Entschuldigung sicher angebracht.

KOMPAKT

Ein Feedback beschreibt Ihnen, wie eine andere Person Ihre Stärken und Schwächen in einer bestimmten Situation wahrnimmt. Es hilft Ihnen, sich selbst besser einzuschätzen, und fördert Ihre persönlichen Lernprozesse. Hören Sie nur zu, wenn Sie Feedback erhalten, stellen Sie Verständnisfragen und bedanken Sie sich. Rechtfertigen und verteidigen Sie sich nicht. Sortieren Sie das Feedback zu Hause oder alleine in Ihrem Büro. Überlegen Sie sich, ob Sie Ihr Verhalten ändern möchten oder nicht. Es ist Ihre Entscheidung

So können Sie Feedback geben im Alltag üben

Wie Sie Feedback geben und es in Gesprächen anwenden, das können Sie täglich mit Ihren Kolleginnen und Kollegen am Arbeitsplatz üben. Versuchen Sie, häufiger als bisher einer Kollegin oder einem Kollegen ein positives Feedback zu geben. Üben Sie, diese Momente zu erkennen, in denen es die Chance eines aufrichtigen, positiven Feedbacks gibt.

Stellen Sie sich vor, Sie erleben eine Kollegin oder einen Kollegen als nett. Jetzt einfach nur zu sagen, er oder sie sei nett, ist zu wenig. Überlegen Sie genau, welche Eigenschaften, welche Nettigkeiten das im Besonderen sind: Vielleicht ein freundlicher Gesichtsausdruck, ein Lächeln bei der Begrüßung, Blickkontakt in Gesprächen, andere zu loben oder Komplimente zu verteilen, hilfsbereit zu sein, Wärme auszustrahlen, auf andere zuzugehen, auch in überlangen Meetings und Besprechungen nicht die Geduld zu verlieren, andere zu respektieren oder ...

Beispiele für ein freundliches, konkretes Feedback Geben an Ihre Kollegin oder Ihrem Kollegen:
„Ich bin begeistert/sehr zufrieden/positiv überrascht über das, was du gestern ... getan, wie du das ... erarbeitet hast."
„Mir gefällt, wie Sie geschmackvoll/dem Anlass angemessen/farblich in der Zusammenstellung gekleidet sind."
„Ich fand es toll, wie du die Präsentation gehalten hast, wie klar und deutlich du geredet hast, du bist auf den Punkt gekommen, deine Folien waren gut und lesbar gegliedert ..."
„Ich fand das wirklich super, wie Sie dem Kollegen diesen komplizierten Arbeitsvorgang erläutert haben, wie Sie im Meeting argumentiert haben, wie konkret Sie inhaltlich auf diese Besprechung vorbereitet waren ..."
„Ich freue mich schon morgens über dein Auftreten und finde das sehr schön, wenn du gut gelaunt zur Arbeit kommst und morgens schon eine positive Ausstrahlung hast."

Auf diese Art und Weise Feedback zu geben ist eine Fähigkeit, die Sie dabei unterstützt, Beziehungen aufzubauen. Es hilft Ihrer Kollegin oder Ihrem Kollegen, sich aus der konkreten Situation heraus weiterzuentwickeln. Mit der Zeit werden Sie darin geübt sein, auch ein kritisches Feedback nicht verletzend zu äußern. Üben können Sie positives Feedback geben selbstverständlich ebenso gut im privaten Bereich. Wann haben Sie zum letzten Mal Ihren Partner, Ihre Partnerin oder Ihre Kinder gelobt?

Die eigene Persönlichkeit weiterentwickeln und das Selbstwertgefühl steigern

Wer sich mit Feedback beschäftigt, beschäftigt sich mit seinem Fremd- und seinem Selbstbild. Je näher diese beiden Bilder zueinander rücken, umso besser lernt ein Mensch sich selbst kennen und umso authentischer und selbstsicherer wird sein Auftreten.

Für eine souveräne Gesprächsführung sollten Sie sich selbst und Ihre Verhaltensweisen genauer kennenlernen und imstande sein, sich selbst besser zu verstehen, um Ihr eigenes Auftreten und Handeln zu akzeptieren. Das steigert und sichert Ihre Souveränität und unterstützt ein selbstbewusstes und gelassenes Auftreten im Gespräch.

Wenn Sie versuchen, sich selbst besser kennenzulernen, werden Sie vielfach belohnt werden: Mit Selbstsicherheit, Selbstbewusstsein, mit Ihrem persönlichen Stil, mit einer stimmigen Ausstrahlung. Sie werden leichter „Nein" sagen können oder klarer „Ja" sagen zu sich und Ihrer Umwelt! Weil Sie sich Ihrer selbst bewusst sein werden.

Die folgende Checkliste stellt Ihnen Fragen, mit deren Antworten Sie sich besser kennenlernen. Denken Sie dabei an Differenzierungen:

- Wie treten Sie auf?
- Wie benehmen Sie sich im Umgang mit anderen Menschen in den unterschiedlichsten Situationen?
- Wie verhalten Sie sich in Gesprächssituationen?
- Was sind Ihre starken Eigenschaften, Ihre starken Wesensmerkmale?
- Was sind Ihre typischen Eigenschaften, die für Sie bezeichnend sind?
- Welche Merkmale bezeichnen Sie als Ausdruck Ihrer Persönlichkeit?

Beispiele für Differenzierungen:

freundlich	schüchtern	lässig
bescheiden	geduldig	vertrauensvoll
keck	diplomatisch	sorgfältig
mutig	beständig	direkt
treu	temperamentvoll	beliebt
offen	tolerant	gesellig
durchsetzungsfähig	diszipliniert	hilfsbereit
genau	fröhlich	...
mitreißend	optimistisch	

Kümmern Sie sich um Ihre positiven, stärkenden Eigenschaften. Meistens fallen uns zuerst die negativen ein, unsere Macken und Schwächen. Sollte das bei Ihnen so sein, notieren Sie diese auf einem separaten Papier und überlegen Sie sich danach, was an diesen negativ empfundenen Eigenschaften positiv sein könnte. Man nennt das: *Positives Umdeuten*.

Beispiele für positives Umdeuten:

Ungünstig	Positiv umgedeutet
unordentlich	kreativ
unpünktlich	flexibel
stur	hartnäckig, konsequent
ungeduldig	entscheidungsfreudig
gesprächig	kommunikativ
pedantisch	gründlich
unselbstständig	teamfähig

Ungünstig	Positiv umgedeutet
überzogen	begeistert
voreilig	entschlussfreudig

TIPP

Gehen Sie auf Ihre Familienmitglieder, Freunde oder Kolleginnen und Kollegen zu und fragen Sie, was sie an Ihnen schätzen und an Ihnen gefällt. Fragen Sie auch hier nach Ihren positiven Eigenschaften! Welche für Sie günstigen positiven Eigenschaften werden Ihnen zugeordnet? Haben Sie den Mut und tun Sie es! Sie werden überrascht sein, was an Ihnen gelobt wird!

Erinnern Sie sich bitte an mein Beispiel „nett". Wenn Sie bei Ihrer Befragung ebenfalls allgemeine Eigenschaften als Antwort genannt bekommen, fragen Sie und haken Sie nach:

„Was genau meinst du damit?"

„Wie konkret sieht das aus, wenn ich ... bin?"

„Kannst du mir das bitte noch genauer schildern, wie ich auf dich wirke?"

Schauen Sie sich alle Eigenschaften, die Sie für sich gefunden haben, und die Antworten der anderen Personen an. Welche Eigenschaften stimmen überein? Wurden reichlich konforme positive Eigenschaften gefunden, dann passt bei Ihnen wohl Fremd- und Selbstbild zusammen!

KOMPAKT

Versuchen Sie, Ihre positiven und starken Eigenschaften bewusst wahrzunehmen, sich einzuprägen und nutzen Sie diese in Ihren Gesprächen. Das wird Ihnen helfen, selbstsicher aufzutreten und damit konkret handeln zu können. Rufen Sie sich Ihre starken Eigenschaften immer wieder ins Gedächtnis, brennen Sie sich diese mental auf Ihre Festplatte im Kopf – und Sie haben diese abrufbereit, wenn Sie sie in Ihren Gesprächen benötigen.

Eine wertschätzende Haltung einnehmen

„Ein Mensch fühlt oft sich wie verwandelt,
sobald man menschlich ihn behandelt. "

Eugen Roth, deutscher Lyriker

Wiederholt habe ich Sie in diesem Buch auf eine wertschätzende Gesprächsebene und Ihre wertschätzende Haltung aufmerksam gemacht. Mit dem Kapitel 9 wollen wir uns den Begriff Wertschätzung etwas genauer anschauen.

Wikipedia meint dazu:

„Wertschätzung bezeichnet die positive Bewertung einer anderen Person. Sie gründet auf eine innere allgemeine Haltung anderen Menschen gegenüber. Wertschätzung kann sich auch auf Gedanken, Werke, Besitz oder Lebenshaltungen Dritter erstrecken. Wertschätzung betrifft eine Person als Ganzes, ihr Wesen. Sie ist eher unabhängig von Taten oder Leistung, auch wenn solche die subjektive Einschätzung über eine Person und damit die Wertschätzung beeinflussen.

Wertschätzung ist oft verbunden mit Respekt, Achtung, Wohlwollen und Anerkennung und drückt sich aus in Zugewandtheit, Interesse, Aufmerksamkeit, Freundlichkeit. ‚Er freute sich allgemein hoher Wertschätzung' meint umgangssprachlich: er ist geachtet. Wertschätzung hängt immer auch mit Selbstwert zusammen. Menschen mit hohem Selbstwert haben öfter eine wertschätzende Haltung anderen gegenüber, werden öfter von anderen wertgeschätzt, und empfangene und gegebene Wertschätzung vergrößert das Selbstwertgefühl sowohl beim Empfänger als auch beim Geber. Wertgeschätzte Personen, wenn sie ein offenes Wesen haben und kontaktfreudig sind, sind oft auch beliebt. Das Gegenteil von Wertschätzung ist Geringschätzung bis hin zur Verachtung. "

Damit könnte *eigentlich* alles gesagt sein! *Eigentlich* – für Ihre Gesprächssituationen habe ich allerdings Ergänzungen und weitere Ausführungen. Denn wenn Sie Ihrem Gesprächspartner mit Wertschätzung gegenübertreten, auch wenn es manchmal schwerfällt, werden Sie allerbeste Gesprächsergebnisse erzielen!

Das Gegenteil von Wertschätzung ist Geringschätzung bis hin zur Verachtung oder sogar Ignoranz. Einen anderen Menschen geringzuschätzen oder zu verachten bedeutet, denjenigen als minderwertig zu bewerten.

Denken Sie an das Harvard-Konzept: Hart in der Sache – weich zu den Menschen. Obwohl oder gerade wenn Sie Ihr Gespräch wertschätzend führen, werden Sie Top-Ergebnisse erreichen. Es treten immer wieder Menschen an mich heran, die *Schlagfertigkeit* erlernen möchten, um in Gesprächen, Verhandlungen und am Arbeitsplatz kräftig kontern zu können und es den anderen oder dem anderen einmal so richtig zurückzugeben. Schlagfertigkeit in diesem Sinne gehört an den Stammtisch, aber nicht in Ihre Gespräche. Genauso wenig wie in Geschäfts- oder Arbeitsbeziehungen!

Wie wichtig Selbstvertrauen und Vertrauen für Wertschätzung sind

Wie groß ist Ihr Vertrauen in Sie selbst? Wie sehr vertrauen Sie Ihren eigenen Kompetenzen, wenn Sie Gespräche führen? Je größer Ihr Vertrauen in Ihre eigenen Fähigkeiten ausgeprägt ist, umso eher können Sie gelassen Ihre Gespräche führen.

„Alles Reden ist sinnlos, wenn das Vertrauen fehlt."

Franz Kafka

Wenn Sie davon überzeugt sind: Egal was kommt, das werden Sie meistern, dann gelingt es Ihnen, gelassen, großzügig und souverän aufzutreten. Sie werden das Selbstvertrauen besitzen, das Gespräch gut zu meistern. Es wird Ihnen gelingen, dem Gesprächspartner Wertschätzung entgegenzubringen. Sie werden sich dem Gespräch gewachsen fühlen und brauchen keine Befürchtungen zu haben. Ein selbstbewusstes Vertrauen in Ihre Fähigkeiten reduziert Ihre Vorurteile und Sie nehmen eine höhere Wertschätzung gegenüber Ihrem Gesprächspartner ein. Wer anderen misstraut, wird auch häufiger enttäuscht werden. Im Sinne einer sich selbst erfüllenden Prophezeiung erzählen misstrauisch geprägte Menschen häufig von negativen Erfahrungen.

TIPP Überlegen Sie vor einer Äußerung oder einer Handlung in einem Gespräch: Wenn ich das ... tue oder jenes ... anbiete, drücke ich damit meinem Gesprächspartner gegenüber Vertrauen oder Wertschätzung aus?

Wertschätzendes Handeln für Ihr Win-win-Ergebnis

Um eine wertschätzende Haltung einnehmen zu können und um daraus ein wertschätzendes Handeln abzuleiten, sind die Fragen der folgenden Checkliste für Sie bedeutend:

- Was denken Sie über sich selbst?
- Wie sehr sind Sie mit sich und Ihren Verhaltensweisen im täglichen Leben oder bei der Arbeit zufrieden? Wie begründen Sie sich das?

- Was denken Sie über Ihren Gesprächspartner?
- Welche Gedanken kreisen in Ihrem Kopf über seine Verhaltensweisen und seine Wirkung auf Sie?
- Was denken Sie über die Situation, die Sie klären möchten?
- Wie sehr beschäftigt Sie das Thema?

Wenn Sie als Antworten auf diese Fragestellungen innerlich eine negative oder abwertende Haltung und Einstellung haben, werden Sie diese auch nach außen ausstrahlen. Überprüfen Sie sich bitte deshalb vor jedem Gespräch, ob Sie als Antworten zu diesen Fragen eine positive Grundhaltung haben. Wie innen, so außen! An Ihrer Muskelspannung und Ihrer Ausstrahlung erspürt Ihr Gesprächspartner Ihre innere Einstellung, Ihre innere Haltung zu ihm und der Situation.

Je wertschätzender Ihre Haltung gegenüber dem anderen ist, umso eher gelingt es Ihnen, eine vertrauensvolle Gesprächsatmosphäre aufzubauen. „Wie aber handle ich", werde ich oft gefragt, „wenn mein Gesprächspartner sich überhaupt nicht wertschätzend verhält? Wenn dieser mir die Killerphrasen nur so um die Ohren haut und mich persönlich angreift?" Passiert Ihnen das, halten Sie inne und überlegen Sie:

- Ist mein Gesprächspartner über irgendetwas sauer, verletzt oder habe ich Negatives ausgesendet?
- Will er sich überhaupt mit mir zu diesem Thema auseinandersetzen und das Problem lösen?
- Hat er eventuell einen Auftrag von Vorgesetzten, eine Entscheidung oder ein Gesprächsergebnis zu vermeiden?
- Ist er mit sich nicht im Reinen?
- Hat er einen schlechten Tag?

Fragen Sie ihn danach, was ihn belastet oder was ihn umtreibt. Schauen Sie bitte hierzu nochmals ins Kapitel 6, Abschnitt Killerphrasen.

Ich empfehle Ihnen, nicht von Ihrer verträglichen Grundhaltung abzuweichen, sondern insbesondere in schwierigen Situationen und bei Angriffen freundlich und wertschätzend zu bleiben – auch wenn es möglicherweise schwerfällt! Das ist für Sie entscheidend, um mit einem guten Gefühl aus einem Gespräch zu gehen.

Lassen Sie sich provozieren oder sich auf die gering schätzende Ebene des anderen ein, werden Sie sich wahrscheinlich nach dem Gespräch Vorwürfe machen und ein ungutes Gefühl haben. Hinter einem arroganten Verhalten eines Gesprächspartners steht oftmals eine übertriebene Selbsteinschätzung oder Unsicherheit, die er überspielen möchte. Denken Sie daran und es wird Ihnen leichter fallen, mit arrogantem Verhalten umzugehen und negative Äußerungen abprallen zu lassen.

Ein Beispiel aus meiner Arbeit als Betriebsrätin und Gewerkschafterin:
Bei meinen Gesprächen und Verhandlungen, die ich als Betriebsrätin und Führungskraft bei der Deutschen Postgewerkschaft mit Arbeitgebervertretern und Geschäftsleitungen führte, erlebte ich wiederholt erstaunte Gesichter. Die Arbeitgeberseite erwartete – aus welchen Erfahrungen oder Gründen heraus auch immer – dass ich als Gewerkschafterin eine ablehnende Blockadehaltung ihnen beziehungsweise ihren Forderungen gegenüber einnehmen würde. Als ich, je nachdem, um welches Problem oder Gesprächsthema es sich handelte, einfühlendes Verständnis und Interesse für ihre Situation oder die Problematik zeigte und versuchte, die Arbeitgeberseite bei der Problemlösung zu unterstützen, verursachte das anfänglich Erstaunen und Überraschung. Selbstverständlich geschah dies

unter Berücksichtigung meines Auftrags der Kolleginnen und Kollegen und der gewerkschaftlichen Zielsetzung.

Mit der Zeit hatte ich mir jedoch durch diese Haltung des Verständnisses und Einfühlens in die Probleme des Gesprächspartners Respekt und Achtung erarbeitet. Oft wurde ich von Führungskräften der Arbeitgeberseite um Rat gefragt, wie ich das oder jenes Problem angehen oder ob ich sie bei bestimmten Vorhaben unterstützen würde. Dadurch gelang es mir, im Ergebnis wesentlich mehr für meine Kolleginnen und Kollegen zu erreichen. Hätte ich mich hinter meinen gewerkschaftlichen Positionen und Argumenten verbarrikadiert und geblockt, wäre es mir nicht gelungen, mit den Gesprächspartnern ein gemeinsames gutes Gesprächsergebnis, eine Win-win-Lösung zu erreichen. Durch meine Denkweise, auch die Probleme des Gesprächspartners mit zu lösen und nicht nur meine beziehungsweise unsere –, im Übrigen auch die Haltung meiner Kollegen – gelang es, Einfluss auf eine Vielzahl von Entscheidungen in den Unternehmen zu erreichen. Und dies, obwohl das Recht, die Gesetzeslage, nicht unbedingt auf unserer Seite war.

Hin und wieder saßen wir mit der Geschäftsleitung auf einen Kaffee zusammen. Mit dem Gesprächspartner einen Kaffe zu trinken oder beim Mittagessen in der Kantine zusammenzusitzen, das gehört zum Aufbau einer wertschätzenden Kommunikation und Beziehung dazu. Beim lockeren Austausch außerhalb des offiziellen Gesprächstermins wird die Beziehungsebene zum Gesprächspartner gepflegt und es werden durchaus frühzeitig die Positionen und Interessen abgeklopft. Beide Gesprächspartner haben so die Möglichkeit, sich bis zum offiziellen Termin mit weiteren Argumenten und Hintergründen zu befassen. Das dient dem Klären der Problematik und einem Win-win-Ergebnis.

Für die Kolleginnen und Kollegen im Betrieb gab es darüber häufig eine simple negative Bewertung: „Die trinken Kaffe miteinander, die mauscheln schon wieder." Ich kann Ihnen allerdings versichern: Ohne einen wohltuenden, wertschätzenden Aufbau der Beziehungsebene zum Gesprächspartner – auch mal beim Kaffee – wären uns als Betriebsräte und Gewerkschafter zahlreiche fortschrittliche Ergebnisse für Mitarbeiter und Unternehmen nicht gelungen. Dasselbe gilt im Übrigen auch für die Vertreter der Unternehmen.

TIPP In Gesprächen und Verhandlungen sich nicht nur darauf zu konzentrieren, sich mit den eigenen Positionen und Überzeugungen durchzusetzen, sondern die Interessen des anderen mit zu berücksichtigen, bewirkt erfolgreiche Ergebnisse sowie Respekt und Vertrauen in die Zusammenarbeit, eine gegenseitige Akzeptanz und eine große Zufriedenheit und Freude an der Arbeit.

Eine innere wertschätzende Haltung strahlt nach außen.

Sich in einem Gespräch wertschätzend zu verhalten bedeutet, den anderen in seiner Person anzuerkennen, auch wenn es manchmal schwerfallen kann. Dazu gehört, seine Wünsche und Bedürfnisse zu respektieren, auf ihn einzugehen und seine Gefühle zu achten. Selbstverständlich sollte sein, den anderen mit Namen anzusprechen, ihm zu vertrauen und eine offene Haltung sowie persönliches Interesse zu haben. Der Gesprächspartner darf eine andere Meinung vertreten, ohne dass Sie ihn geringschätzen.

Liebe deinen Gesprächspartner wie dich selbst

Wenn Sie sich anderen Menschen gegenüber wertschätzend verhalten möchten, müssen Sie zuerst sich selbst gegenüber wertschätzend sein. Sie müssen sich selbst wertschätzen können, mit sich selbst stimmig sein, mit sich selbst übereinstimmen – kongruent sein. Eine wertschätzende Haltung zu sich selbst und zu den eigenen Verhaltensweisen einnehmen. Damit strahlen Sie nicht nur Ruhe und Gelassenheit aus, Sie sind ruhig und gelassen! Wie heißt es in der Bibel: Liebe deinen Nächsten wie dich selbst!

Überprüfen Sie mit den wenigen Fragen der folgenden Checkliste, welche Art der Wertschätzung Sie sich selbst geben:

- Sind Sie ehrlich zu sich selbst?
- Behandeln Sie sich selbst gut? Wann und wie haben Sie sich das letzte Mal selbst gut behandelt? Was taten Sie dafür?
- Geben Sie sich selbst Wertschätzung? Wie zeigt sich das? Was genau tun Sie dann?
- Nehmen Sie sich Zeit für sich selbst? Was tun Sie konkret für sich in dieser Zeit?

Aus einem Konflikt-Coaching:

In einem großen Konzern arbeitete ich mit einem Team von sieben Personen. Im Rahmen einer Teambildungsmaßnahme wurde sichtbar, dass ein Konflikt-Coaching angebracht war.

Als Ziel für das Konflikt-Coaching wurde von den beteiligten Teammitgliedern formuliert, mit einem anderen Team eine konstruktive und verständnisvolle Kommunikation zu erreichen. Zwischen diesen beiden Teams herrschte seit längerer Zeit eine dauerhafte und nachhaltige Auseinandersetzung und Missstimmung, besonders in gemeinsamen Gesprächssituationen. Das Team, mit dem ich arbeitete, wollte Verhaltensweisen für eine positive Gesprächskultur und Strategien für eine produktive Zusammenarbeit entwickeln. Ferner sollte ein weiteres Ergebnis sein, selbst wieder Freude und Zufriedenheit an der eigenen Arbeit zu finden.

Die Mitglieder des Teams waren selbst über die negative Kommunikation und die in der Auswirkung davon schlechte Zusammenarbeit so frustriert, dass ihnen Lust und Freude an ihrer eigenen Arbeit verloren gegangen war.

Im Konflikt-Coaching wurde von den Teammitgliedern unentwegt vorgetragen, wie unkooperativ, wie unbeherrscht, wie unsachlich und unehrlich die Mitglieder des anderen Teams in ihren Verhaltensweisen und in den Gesprächen oder auch am Telefon ihnen gegenüber wären. Sie selbst hatten keine Ideen mehr und fühlten sich hilflos, was sie dazu beitragen könnten, um die Situation zu verbessern. Die Hoffnung, dass sich das Verhalten der anderen verändern und zu einem positiven Miteinander wandeln könnte, war auf dem Nullpunkt. Sie konnten im anderen Team keine positiven Ansätze erkennen, die Wertschätzung für das andere Team war auf einem Tiefpunkt angekommen.

Im Konflikt-Coaching ging ich so vor: Wir erarbeiteten im ersten Schritt Lösungen für eine konstruktive Kommunikation in den Gesprächen mit dem anderen Team. Ich unterstützte das Team dabei, indem ich Handwerkszeug aus der Kommunikation vermittelte.

Im zweiten Schritt ging es mir darum, dass es den Teammitgliedern gelang, gegenüber den Personen aus dem anderen Team eine wertschätzende Haltung wiederzufinden und einzunehmen. Das war für alle – nach dem Sich-Einschleichen einer negativen, destruktiven Kommunikation und Zusammenarbeit in der Vergangenheit – nicht einfach, es klappte dennoch!

In dieser Phase des Konflikt-Coachings waren von den Teammitgliedern durchaus einige innere Hürden zu überwinden. „Wie können und sollen wir jemanden wertschätzen oder sogar ein wenig sympathisch finden, mit dem wir schon seit einiger Zeit in einem Dauerstreit zusammenarbeiten? Und wenn die anderen nicht wollen? Das schaffen wir nicht", erhielt ich zuerst zur Antwort.

Nach anfänglicher Skepsis zeigte sich, dass das andere Team durchaus Eigenschaften für eine gute und kompetente Zusammenarbeit besaß, welche jedoch durch den Dauerkonflikt nicht sichtbar waren. Wir listeten die positiven Eigenschaften detailliert auf und es wurde plötzlich erkennbar, was an positiver Kommunikation und produktiver Arbeit möglich wäre. Die Teammitglieder fassten den Vorsatz, künftig diese positiven Eigenschaften des anderen Teams bewusst wahrzunehmen und die Personen in Gesprächen sowie in der täglichen Arbeit wieder wertzuschätzen und zu respektieren.

In einem dritten Schritt arbeiteten wir heraus, was die Arbeit des Teams meines Konflikt-Coachings positiv auszeichnete. Die fortwährend negative Kommunikation und die mangelhafte Zusammenarbeit mit dem anderen Team bewirkte eine miserable Stimmung und Unzufriedenheit mit der Arbeitssituation. Es galt, die eigene Wertschätzung und das Team-Selbstbewusstsein zurückzuerlangen sowie die positive Ausstrahlung wiederzugewinnen. Nur dann gedeiht in einer derart verfahrenen Situation eine wertschätzende Haltung gegenüber dem anderen Team.

Es war für mich ein gutes Gefühl zu beobachten, wie die Augen der Teammitglieder zu strahlen begannen, als sie nach und nach wieder entdeckten, was für eine tolle Arbeit sie leisteten, was für ein wunderbares Team sie waren, welche Kompetenzen in ihnen steckten, welch hohes Ansehen sie in der Abteilung genossen und mit welchem Handwerkszeug aus der Kommunikation – das ich Ihnen vermittelte – sie selbst die Gesprächssituationen mit dem anderen Team in eine positive Zusammenarbeit steuern konnten.

Einige Zeit nach dem Konflikt-Coaching erhielt ich den Anruf eines Teammitglieds. Die Dame übermittelte mir nochmals ein großes Dankeschön von allen für das Konflikt-Coaching. Sie würden seit diesem Tag völlig anders als zuvor, nämlich so wie wir das im Konflikt-Coaching erarbeitet hatten, an die Gespräche mit dem anderen Team herangehen. Die Stimmung und die Zusammenarbeit hätten sich – auch für Außenstehende auffallend – enorm ins Positive gewandelt. Bei den Teammitgliedern selbst hätten die Erkenntnisse aus dem Konflikt-Coaching in ihrer inneren Haltung, in ihrer Einstellung zur eigenen Arbeit und in der Zusammenarbeit mit dem anderen Team wie eine Gehirnwäsche im positiven Sinne gewirkt. Sie würden wieder mit Freude, Zuversicht und erfolgreich die Ge-

spräche mit dem anderen Team führen sowie ihre Arbeit gerne erledigen. Fazit: Es gelang diesem Team, sich selbst und dem anderen Team die verloren gegangene Wertschätzung wiederzugeben.

Dieses Team ist zu beglückwünschen, dass es sich dem Thema stellte und den Mut zur Auseinandersetzung mit sich selbst aufbrachte. Es ist gleichgültig, ob es sich beim Thema Wertschätzung um Störungen in der Gesprächsatmosphäre, in der Zusammenarbeit zwischen Teams oder zwischen einzelnen Gesprächspartnern handelt. An der eigenen Wertschätzung zu arbeiten und zu versuchen, auch den anderen oder die anderen wieder verstärkt wertzuschätzen, um in der Sache erfolgreich vorwärtszukommen, lohnt sich allemal!

Wertschätzung hat zum Ziel, nicht auf Konfrontationskurs zu gehen, sondern einen Verständigungskurs anzupeilen. Gut und aktiv zuhören, auf den Gesprächspartner eingehen und die richtigen Fragen stellen. Für Ihr Gespräch gilt es, die folgende Haltung als innere Einstellung zu haben: Okay, die andere Person vertritt dieses Interesse, ich vertrete ein anderes Interesse. Der andere will x haben, ich will y haben. Wie schaffen wir es, zusammenzukommen und eine für beide Seiten akzeptable Lösung zu finden? Es bedeutet nicht: Ich will mich mit meinem Interesse durchsetzen. Selbstverständlich steht trotzdem jedem Gesprächspartner zu, im Ergebnis so dicht wie möglich an seinem Gesprächsziel dran zu sein.

Versuchen Sie, Streitphasen und Phasen der Unstimmigkeiten in Gesprächen als Möglichkeiten der Fortentwicklung zu verstehen. Auseinandersetzungen und der Austausch unterschiedlicher Auffassungen in Gesprächen bieten den Vorteil, in festgefahrene Strukturen oder Verhaltensweisen Bewegung und Veränderung zu bringen. Vorausgesetzt, Sie erkennen das beziehungsweise Sie haben den Wunsch und den Willen, das zu erkennen. An Ihren eigenen Verhaltensweisen können Sie im Sinne einer Verbesserung oder Veränderung arbeiten – an der Ihres Gesprächspartners nicht. Jedoch können Sie durch eine Veränderung Ihres Vorgehens, Ihres Argumentierens, Ihres Verhaltens konkret das Verhalten des anderen beeinflussen und auf eine Veränderung zum Positiven hinwirken.

Wenn einer nicht will, dann will er nicht

Wenn Sie mit einem Gesprächspartner zu tun haben, der nicht will, der sich in keinster Weise auf Sie und Ihre Interessen einlassen will, dann werden Sie keine Einigung, keine Lösung und schon gar kein Win-win-Ergebnis erreichen. Es sei denn, Sie geben in allem nach. In einer derart schwierigen Situation stellt sich für Sie die Frage, weshalb der andere mit Ihnen ein Gespräch führt, wenn kein Wille bei ihm vorhanden ist, auf Sie zuzugehen und eine Lösung zu erreichen. In der Regel liegen in diesen Fällen die Ursachen und Probleme tiefer. Das heißt für Sie, außerhalb des Gesprächs für Sie selbst eine Lösung, eine Möglichkeit für den Umgang mit der Problematik zu finden. Mit einem einigungsunwilligen Gesprächspartner wird Ihnen kaum ein für Sie zufriedenstellendes Ergebnis gelingen.

„Ein Verstand, der die Füße in einem Sack von Vorurteilen stecken hat, der kann nicht nach dem Ziel laufen."

Bettina von Arnim, deutsche Schriftstellerin

Glaubwürdigkeit und Fairness

Wenn Sie jemanden überzeugen möchten, müssen Sie glaubwürdig sein. Was Sie sagen, muss mit der Art, wie Sie es sagen, übereinstimmen. Ihr Auftreten muss stimmig sein und dem Gesprächspartner Wertschätzung entgegenbringen. Der andere merkt sehr wohl, ob Sie offen und ehrlich mit ihm umgehen oder ihn über den Tisch ziehen möchten. Und: Beleidigungen sind die Argumente derer, die über keine Argumente verfügen!

Den Vorsatz, jemanden über den Tisch ziehen oder in einem Gespräch austricksen zu wollen, sollten Sie nie haben! Gehen Sie mit anderen Personen in einem Gespräch so um, wie Sie möchten, dass mit Ihnen umgegangen wird. Haben Sie sich schon einmal Gedanken darüber gemacht, welche Verhaltensweisen Sie von Ihrem Gesprächspartner Ihnen gegenüber erwarten?

Absolut vermeiden sollten Sie in allen Ihren Gesprächen Drohungen. Drohungen wirken wie ein Bumerang – sie bewegen sich irgendwann zurück auf Sie. Drohungen schlagen auf Sie zurück, machen Partner zu Gegnern und gefährden die Beziehung zwischen Ihnen. Wie fühlen Sie sich, wenn Ihnen in einem Gespräch gedroht wird? Wenn ein Gesprächspartner – vielleicht noch mit einem erhobenen Zeigefinger – zu Ihnen sagt: „Wenn du dies oder das nicht tust, dann ...!"

Zeigen Sie wertschätzendes Verhalten, auch wenn das Gespräch bereits beendet ist. Das bedeutet: Halten Sie sich an Vereinbarungen und Absprachen! Wenn Sie in einem Gespräch oder einer Verhandlung Zusagen gegeben haben, halten Sie diese unbedingt ein! Bleiben Sie korrekt!

Bleiben Sie ein zuverlässiger, korrekter, ehrlicher und verbindlicher Gesprächs-partner. Halten Sie Ihr Wort, Ihre Absprachen und Ihre Vereinbarungen ein.

Schlagfertigkeit ist out

Auch wenn Ihr Gesprächspartner den wertschätzenden und korrekten Dialog verlässt – Sie bleiben dabei und verlassen den wertschätzen-den Kurs nicht. Sie möchten täglich in den Spiegel schauen können. Langfristig wird Ihr wertschätzender Gesprächsstil von Erfolg gekrönt sein – nicht ein geringschätzender, verletzender Stil. Das ist der Grund, weshalb das Thema Wertschätzung wie ein roter Faden durch dieses Buch führt.

Mit einem Schlagfertigkeitstraining hat das Buch Win-win-Gespräche nichts zu tun. Menschen, die schlagfertiger werden wollen, frage ich: „Was tun Sie, wenn Ihr Gesprächspartner auch ein Schlagfertigkeits-training besucht hat? Was schlagen Sie sich dann gegenseitig um die Ohren?" Bedenken Sie bitte: Je intensiver Sie sich mit Ihrem Gesprächs-partner auf Schlagfertigkeitsduelle einlassen, je mehr Sie sich gegensei-tig hochschaukeln, umso eher wird das Gespräch eskalieren. Nehmen Sie sich das Gegenteil von Schlagfertigkeit zum Ziel: Werden Sie redfertig!

Ein wertschätzendes Gesprächsklima beugt Eskalationen vor. Empathie und Wertschätzung für den Gesprächspartner zu haben, ist eine we-sentliche soziale Fähigkeit im Zusammenleben mit Menschen und am Arbeitsplatz. Auch wenn es manchmal schwerfällt. Erinnern Sie sich an das Harvard-Konzept: Ziel ist das gelöste Problem. Hart in der Sache – weich zu den Menschen.

Ich werde häufig nach taktischen Vorgehensweisen gefragt oder danach, wie jemand schlagfertig auf einen anderen reagieren kann; oder wie jemand andere Personen in Gesprächen nachhaltig und wirkungsvoll überzeugen kann.

Dabei werden häufig die elementarsten Kommunikationsgrundsätze bewusst oder unbewusst übersehen oder als Nichtigkeiten abgetan. Genau deshalb, weil man den anderen unbedingt von den eigenen Argumenten überzeugen will und der andere das doch begreifen muss, genau deswegen scheitert so manches Gespräch. Besonders Menschen mit dieser inneren Haltung sind gut beraten, sich zu überwinden und ihre Grundeinstellung des Siegen-Wollens abzulegen. Sie müssen sich selbst bezwingen, in Gesprächen eine großzügige, menschenfreundliche innere Haltung einzunehmen. Dem anderen wirklich etwas Gutes tun zu wollen, der Sache dienlich zu sein und das Problem zu lösen. Der Nutzen, den sie daraus ziehen können, ist, ein kommunikatives, wertschätzendes Miteinander sowohl im Berufs- als auch im Privatleben zu erlangen. In welchen Konflikte sicher nicht gänzlich vermieden werden, aber ein aufeinander Eingehen im Gespräch eine für beide Seiten zufriedenstellende Win-win-Lösung ermöglicht.

In Seminaren mit Führungskräften erlebe ich in Übungen häufig die Situation, dass dem Ziel, aus einem Gespräch als Sieger, als der Bessere, als derjenige herauszugehen, der sich durchgesetzt hat, dass diesem Ziel alle wertschätzenden Gedanken und Ideen nachgeordnet werden und Gesprächspartner mehr oder weniger abgebürstet werden.

Die Grundsätze einer wertschätzenden Gesprächsführung bedeuten, dass Sie sich sehr intensiv mit Ihren Gedanken, Gefühlen und Handlungsweisen, Ihrer eigenen Wertehaltung auseinandersetzen müssen. Eine Grundhaltung, wie zum Beispiel die, dass Sie derjenige sind, der am Zug ist, der mehr Kompetenz hat sowie auch die Haltung, nicht verlieren oder etwas geben zu können, ist fehl am Platz. Das Motto für Menschen mit dieser Grundhaltung heißt für deren Gespräche: runter vom hohen Ross.

Menschen, die sich eher klein fühlen oder eher klein machen in einem Gespräch, vielleicht weil sie einem arroganten oder überheblichen Gesprächspartner gegenübersitzen, für diese Menschen heißt das Motto: Noch besser vorbereiten, die Persönlichkeit stärken und selbstbewusst auftreten.

Sich in Gesprächen wertschätzend zu begegnen, auf die Atmosphäre, die Räumlichkeiten und auf die Probleme sowie auf die Gefühle des anderen zu achten, ist sowohl bei Gesprächssituationen im Beruf als auch im privaten Rahmen angemessen und angebracht. Sie haben es immer mit Menschen zu tun, mit allen ihren Stärken, Schwächen und Bedürfnissen.

Schlussbemerkung

Das Gelernte in die Praxis umsetzen

Eine gute, erfolgreiche Gesprächsführung lernt man durch den ständigen Wechsel zwischen dem Üben in der Praxis, reflektierendem Feedback und theoretischem Input. Im Vordergrund steht: Üben Sie, üben Sie und üben Sie nochmals. Sie dürfen Fehler machen, allerdings den gleichen Fehler immer nur ein Mal, dann sollten Sie spätestens daraus lernen! Geben Sie nicht auf, bleiben Sie dran, Ihre Vorgehens- und Verhaltensweisen in Gesprächen zu optimieren.

Überprüfen Sie sich nach jedem Gespräch, reflektieren Sie Ihre Verhaltensweisen und machen Sie nach jedem Gespräch eine Nachbereitung – schriftlich! Sie werden sich verbessern und bleibende Ergebnisse erzielen.

„Wer nicht an sich selbst arbeitet, an dem wird gearbeitet."

Unbekannt

Arbeiten Sie an Ihrem Wissen, arbeiten Sie an Ihrer Persönlichkeit, arbeiten Sie an Ihrer Kommunikation (was Sie ja mit diesem Buch bereits tun), arbeiten Sie an Ihrer inneren Haltung zu Ihrem Gesprächspartner. Reflektieren Sie sich in Seminaren, Fortbildungen oder in einem Coaching und holen Sie sich Feedback.

Bleiben Sie dran, halten Sie durch, üben Sie die einzelnen Aufgaben aus diesem Buch immer und immer wieder. Es ist noch kein Meister oder keine Meisterin vom Himmel gefallen. Menschen, die hervorragende Gespräche führen können, mussten es sich ebenfalls erarbeiten. Der eine mühsam, der andere leichter!

Manchmal geht es zwei Schritte vor und auch mal einen oder zwei wieder zurück. Wichtig ist, dass Sie Ihre Übungen im Auge behalten und sich nicht entmutigen lassen. Erfahrungen zu machen, auch wenn sie negativ sind, das gehört dazu. Denken Sie darüber nach und lernen Sie daraus.

Üben Sie

Setzen Sie sich Prioritäten, welche Anregungen aus diesem Buch Sie für sich als Erstes in der Praxis ausprobieren möchten. Konzentrieren Sie sich darauf in den nächsten sechs Wochen. Wir müssen 30 Mal etwas tun oder es mindestens sechs Wochen lang nahezu täglich üben, bis etwas zur Routine wird.

Kleben Sie sich kleine Zettel mit Ihrem Übungsthema ans Telefon oder legen Sie einen Hinweis vor sich auf den Schreibtisch. Sie können besonders am Telefon, wenn niemand Ihre Spickzettel sieht, verschiedene Formulierungen für Gespräche trainieren. Um ein Telefongespräch zu führen, sind ebenfalls eine schriftliche Vorbereitung und eine Zielsetzung von großem Nutzen! Und als Übungsfeld sind Telefongespräche hervorragend geeignet.

Haben Sie Geduld, wenn nicht gleich beim ersten Mal alles so gelingt, wie Sie sich das gewünscht hätten. Oft müssen Sie mehrmals Anlauf nehmen. Geben Sie nicht auf.

Wir sind mit unserem theoretischen Wissen Riesen, aber in der Umsetzung Zwerge.

Seien Sie nicht so streng mit sich! Rom wurde auch nicht an einem Tag gebaut. Belohnen Sie sich, wenn Ihnen eine gute Gesprächsvorbereitung gelungen ist oder Sie einen Tipp oder eine Anregung aus diesem Buch in die Praxis umsetzen konnten. Seien Sie Stolz auf sich! Das motiviert Sie für weitere Gespräche.

„Damit das Mögliche entsteht, muss immer wieder das Unmögliche versucht werden."

Hermann Hesse

Literaturverzeichnis

Klappenbach, Doris: Mediative Kommunikation. Mit Rogers, Rosenberg & Co. konfliktfähig für den Alltag werden. Verlag Junfermann, Paderborn 2006.

Rosenberg, Marshall B.: Gewaltfreie Kommunikation. Eine Sprache des Lebens. Verlag Junfermann, Paderborn 2010.

Scharlau, Christine: Karrierefaktor Gesprächstechniken. Wirksam und authentisch kommunizieren. Verlag Haufe, Freiburg im Breisgau 2005.

Bührer, Olaf: Toolbox Business-Kommunikation. Handwerkszeug für eine effizientere Kommunikation. GABAL Verlag, Offenbach 2007.

Fisher, Roger; Ury, William; Patton, Bruce: Das Harvard-Konzept. Der Klassiker der Verhandlungstechnik. Verlag Campus, Frankfurt am Main 2009.

Schultz von Thun, Friedemann: Miteinander reden 1–3; Sonderausgabe. rororo, Reinbeck bei Hamburg 2008.

Rosenberg, Marshall B.: Konflikte lösen durch gewaltfreie Kommunikation: Ein Gespräch mit Gabriele Seils, Herder spektrum, Freiburg im Breisgau 2007.

Schmidt, Thomas: Kommunikationstrainings erfolgreich leiten. Der Seminarfahrplan. managerSeminare Verlags GmbH, Bonn 2006.

Schranner, Matthias: Verhandeln im Grenzbereich. Strategien und Taktiken für schwierige Fälle. Verlag Econ, München 2005.

Fengeler, Jörg: Feedback geben. Strategien und Übungen. Beltz Verlag, Weinheim und Basel 2004.

Birkenbihl, Vera F.: Psycho-Logisch richtig verhandeln. Professionelle Verhandlungstechniken mit Experimenten und Übungen. mvg Verlag, München 2007.

Birkenbihl, Vera F.: Fragetechnik schnell trainiert. Das Trainingsprogramm für Ihre erfolgreiche Gesprächsführung. mvg Verlag, München 2007.

Enkelmann, Nikolaus B. (Hrsg.): Die besten Ideen für erfolgreiche Rhetorik. Erfolgreiche Speaker verraten ihre besten Konzepte und geben Impulse für die Praxis. GABAL Verlag, Offenbach 2011.

Borbonus, René: Respekt! Wie Sie Ansehen bei Freund und Feind gewinnen. Ullstein Buchverlage, Berlin 2011.

Auch-Schwelk, Annette: Erfolgreich mit Selbstbewusstsein. Das „Ich bin Ich" Prinzip. Verlag Haufe-Lexware, Freiburg 2011.

Brandl, Peter: 30 Minuten Verhandeln. GABAL Verlag, Offenbach 2012.

Etrillard, Stéphane: Erfolgreiche Rhetorik für gute Gespräche. 150 Fragen & Antworten zur souveränen Gesprächsführung in Beruf und Alltag. Verlag Junfermann, Paderborn 2007.

Scheerer, Harald: Reden müsste man können. Wie Sie durch Ihr Sprechen gewinnen. GABAL Verlag, Offenbach 2010.

Scheerer, Harald: 30 Minuten Gespräche gewaltfrei gewinnen. GABAL Verlag, Offenbach 2009.

Die Autorin

 **Monika Heilmann**, Trainerin, Coach und Autorin aus Leidenschaft, mit Schwerpunkt in den Bereichen Konfliktmanagement, Gesprächs- und Verhandlungsführung, Persönlichkeitsentwicklung. Sie unterstützt erfolgreich Unternehmen sowie Fach- und Führungskräfte in Fragen der Kommunikation und bei der Lösung von Konflikten im betrieblichen Alltag.

Ihren Erfahrungsschatz sammelte sie über zwei Jahrzehnte in der Beratung und Begleitung von Konflikten in Unternehmen. In ihrer langjährigen Tätigkeit als Führungskraft in einem großen Berufsverband leitete und begleitete sie wichtige Verhandlungen. In dieser Zeit arbeitete sie auch als Coach für Führungskräfte und Teamentwicklung. Ihr Experten-Know-how vermittelt sie heute in Coachings, Seminaren und in ihren Vorträgen. Für ein wertschätzendes Lösen von Konflikten entwickelte sie das „4-Asse-Konfliktlösungssystem®".

Monika Heilmann gehört zu den Top 100 Excellent Trainers 2012 von Speakers Excellence und ist als professionelles Mitglied der German Speakers Association (GSA), der Vereinigung Deutscher Spitzentrainer, Coaches und Speaker, anerkannt. Außerdem leitet sie ehrenamtlich die Regionalgruppe Stuttgart/Mittlerer Neckar des GABAL e. V. – Wissen vernetzen.

Kontakt:
E-Mail: info@cowimo.de
Internet: www.cowimo.de

praxis kompakt – die neuen Ratgeber
Expertenwissen im Profiformat

Jeder Band
192 Seiten +
21,80 € · 22,50 € [A]

Erscheint ab
September 2012

praxis
kompakt

Monika Heilmann

WIN-WIN-
GESPRÄCHE

Gelassen reden, selbstsicher
auftreten, Konflikte vermeiden

Karriere
Social Media
Erfolg Public Relations
Kommunikation Verkaufen
Marketing Selbstcoaching
Management Psychologie
Rhetorik

Update your Knowledge!

Jens-Uwe Meyer, Henryk Mioskowski
Genial ist kein Zufall. Die Toolbox der erfolgreichsten Ideenentwickler.
ca. 210 Seiten; September 2012
ISBN 978-3-86980-193-3
www.BusinessVillage.de/bl/898

Jens-Uwe Meyer und Henryk Mioskowski liefern Ihnen eine einzigartige Sammlung von Methoden für den gesamten Kreativprozess. Jeder in diesem Buch beschriebene Schritt der systematischen Ideenentwicklung wurde in Hunderten von Projekten erfolgreich erprobt und weiterentwickelt. Dieses Buch wird Sie in die Lage versetzen, geniale Ideen zu generieren und erfolgreich umzusetzen.

Anita Hermann-Ruess
ad hoc präsentieren. Kurz, knackig und prägnant argumentieren und überzeugen.
ca. 204 Seiten; Oktober 2012
ISBN 978-3-86980-187-2
www.BusinessVillage.de/bl/899

Die Präsentations- und Rhetorikexpertin Anita Hermann-Ruess zeigt in diesem Buch, wie Sie auch unter Zeitdruck immer und überall überzeugende Ad-hoc-Präsentationen entwerfen, mit einfachen Mitteln visualisieren, einen bleibenden Eindruck hinterlassen und nachhaltig positiv wirken.

Susanne Siekmeier
Professionelle Korrespondenz. Moderne Geschäftsbriefe und E-Mails mit Wirkung.
ca. 196 Seiten; Juli 2012
ISBN 978-3-86980-199-5
www.BusinessVillage.de/bl/892

Susanne Siekmeier liefert Ihnen in diesem Buch praktische Tipps, Beispiele und Musterbriefe, mit denen Sie Schwung in Ihre geschäftliche Korrespondenz bekommen und überzeugend und positiv formulieren.

Sonja Ulrike Klug
Konzepte ausarbeiten. Tools und Techniken für Pläne, Berichte, Bücher und Projekte.
ca. 192 Seiten; 6. Auflage September 2012
ISBN 978-3-86980-179-7
www.BusinessVillage.de/bl/897

Mal schnell ein Konzept für die neue Kampagne entwickeln, einen Messeauftritt planen oder eine Präsentation vorbereiten. Natürlich soll es auch noch sorgfältig recherchiert sein, zündende Ideen liefern, gründlich informieren und exzellent ausformuliert sein. Dr. Sonja Ulrike Klug lüftet in diesem Buch das Geheimnis professioneller und überzeugender Konzepte.

Update your Knowledge!

Florine Calleen
Texten fürs Social Web. Das Handbuch für Social-Media-Texter.
ca. 192 Seiten; Juli 2012
ISBN 978-3-86980-185-8
www.BusinessVillage.de/bl/886

Anschaulich und praxisorientiert zeigt die Social-Media-Managerin Florine Calleen in diesem Buch, was im geschäftlichen Umgang mit Social Media wichtig ist und wie Sie lesenswerte Inhalte für diverse facebook, Twitter & co. texten.

Miriam Gross
Das morderne Mitarbeitergespräch. Das Führungsinstrument für die zeitgemäße Personalentwicklung.
ca. 192 Seiten; September 2012
ISBN 978-3-86980-197-1
www.BusinessVillage.de/bl/908

Mitarbeitergespräche sind für viele Führungskräfte und Mitarbeiter ein leidiges Pflichtübung. Doch bei aller Kritik wird auch zukünftige Personal- und Teamentwicklung nicht ohne Mitarbeitergespräche auskommen. Miriam Gross vermittelt in Ihrem neuen Buch wie Sie mit modernen Mitarbeitergesprächen Menschen, Teams und ganze Abteilungen entwickeln.

Matthias K. Hettl
Richtig führen ist einfach. Der Führungskompass zur wirksamen Mitarbeiterführung.
ca. 192 Seiten; 4. Auflage September 2012
ISBN 978-3-86980-189-6
www.BusinessVillage.de/bl/901

In diesem Buch stecken die Erfahrungen aus Hunderten von Führungskräfteseminaren. Mit über 60 konkreten Praxistipps zur Mitarbeitermotivation und einer Fülle von Tools und Techniken finden Sie in diesem Buch Antworten, wie Sie den Führungsalltag wirkungsvoll meistern und Ihren persönlichen Führungsstil systematisch verbessern.

Monika Heilmann
WIN-WIN-GESPRÄCHE. Gelassen reden, selbstsicher auftreten, Konflikte vermeiden.
ca. 192 Seiten; August 2012
ISBN 978-3-86980-195-7
www.BusinessVillage.de/bl/903

Der Alltag mit seinen vielfältigen Gesprächssituationen wird immer komplexer: Arbeitsbesprechungen im Team, Gespräche mit Projektmitgliedern, Unterredungen mit Vorgesetzten oder Mitarbeitern, Gespräche im privaten Umfeld. Situationen mit viel Zündstoff - aber auch großen Chancen. In ihrem neuen Buch zeigt Monika Heilmann, wie Sie bewährte Kommunikationstechniken erfolgreich in Ihrem Gesprächsalltag einsetzen.